人工知能

AIの基礎から知的探索へ
From Fundamentals to Intelligent Searches

趙　強福・樋口龍雄 著

共立出版

MATLABはThe MathWorks, Inc. の登録商標です

まえがき

　最近，人工知能（AI: artificial intelligence）はマスメディアなどにより大きく取り上げられその話題に事欠かない。AIやロボットの活用を通して未来は明るいとする楽観論や，雇用が多く失われるとする悲観論など，それぞれの立場からのさまざまな論説がなされている。これに関連して，著者は1920年チェコの劇作家カレル・チャペックが「ロッサムの万能ロボット」という劇の中で使われたロボットを思い起こす。楽観的な会社の経営者とは立場を異にする現場責任者は，失業の問題を心配する。やがて労働者の解雇が始まり，魂を得たロボットは反乱を起こす。まさに今，ロボットのように知能を有するシステムが身近に出現し，われわれ人間社会に古くて新しい問題を提示している。

　近年，急速な発展と広がりを見せたAI関連分野は，ますます高度化・細分化の傾向にあり，とりわけ初学者には全体像を見通すことが困難になっている。AIを健全に発展させるためには，中心となる概念をしっかり理解し，さまざまな知識や技術をその中心概念で結び付けることが不可欠である。実際，世の中にあるさまざまな問題は，それを適切に定式化さえすれば，すなわち，数式や計算機言語などで表現すれば，探索アルゴリズムで解決することができる。解決できない問題があるとすれば，なぜその問題が解決できないのか，それを証明することも探索問題に帰着できる。したがって，「探索」は，AIの中心的概念であり，AIの全貌を理解するための「カギ」の役割を有する。本書は探索に着目し，その観点から人工知能の全体像が理解できるように工夫されている。

　AIは多様な分野に関係するので，興味をもたれる読者の専門分野も異なることが予想される。本書はこのような広範囲の読者に対しても，またふさわしい教科書にしようと企図している。各章ごとにできるだけ多くの例題と演習問題を用意している。それらを一つずつ解いていくうちに，その章に関する基礎的事項が習得できるよう配慮されている。著者の下記ホームページでは，演習問題の解答例を掲載するとともに，本書の修正，追加なども随時掲示して時宜に適うようにしている。

http://www.u-aizu.ac.jp/~qf-zhao/AI-textbook/Homework-Answer/index.html

　読者がAIの習熟を通して，活力ある健全な科学技術の発展に貢献されるとともに，AI社会に向けた社会や人間のあり方についても，それぞれの立場で思いを巡らされることを期待する。また，本書の刊行までにお世話になった共立出版の方々に深く感謝する。

2017年6月

著者

目　次

1　人工知能の歴史と現状　　1
1.1　AIの萌芽　　*1*
1.2　第1の波　　*3*
1.3　第2の波　　*4*
1.4　第3の波　　*5*
1.5　AIの定義　　*6*
1.6　本書の構成　　*9*
参考文献　　*11*

2　問題の定式化と探索　　13
2.1　問題の定式化　　*13*
2.2　単純探索アルゴリズム　　*18*
2.3　経路のコストを考慮した探索　　*21*
2.4　ヒューリスティック探索　　*24*
　　2.4.1　最良優先探索　　*24*
　　2.4.2　A*アルゴリズム　　*26*
2.5　探索問題の一般化　　*29*
2.6　おわりに　　*35*
参考文献　　*36*

3　論理と推論　　37
3.1　命題論理　　*37*
　　3.1.1　論理式の定義　　*37*
　　3.1.2　論理式の解釈　　*38*
　　3.1.3　命題論理の法則　　*39*
　　3.1.4　論理式の種類　　*40*
　　3.1.5　論理式の標準形　　*41*

3.1.6	命題論理における形式的推論 …………	*43*
3.1.7	定理証明 …………………………………	*45*
3.1.8	定理証明と探索 …………………………	*46*
3.2	第1階述語論理 …………………………………	*47*
3.2.1	述語論理の基本要素 ……………………	*48*
3.2.2	項の定義 …………………………………	*50*
3.2.3	素式 ………………………………………	*51*
3.2.4	論理式 ……………………………………	*51*
3.2.5	論理式の節形式 …………………………	*51*
3.2.6	節集合 ……………………………………	*54*
3.2.7	導出原理 …………………………………	*55*
3.2.8	反駁証明 …………………………………	*56*
3.2.9	ホーン節 …………………………………	*58*
3.2.10	AI言語 Prolog …………………………	*60*
3.3	おわりに ………………………………………	*61*
参考文献 ………………………………………………		*62*

4 エキスパートシステムと推論　63

4.1	プロダクションシステム ……………………	*63*
4.1.1	知識の表現 ………………………………	*65*
4.1.2	観測事実の表現 …………………………	*68*
4.1.3	前向き推論 ………………………………	*69*
4.1.4	前向き推論と探索 ………………………	*71*
4.1.5	後ろ向き推論 ……………………………	*73*
4.1.6	前向き推論と後ろ向き推論の融合 ……	*76*
4.2	グラフによる知識表現 ………………………	*77*
4.2.1	意味ネットワーク ………………………	*77*
4.2.2	フレーム …………………………………	*81*
4.3	おわりに ………………………………………	*84*
参考文献 ………………………………………………		*85*

5 しなやかな知識表現と推論　　87

- 5.1 ファジィ論理とファジィルール …………………………………… *87*
  - 5.1.1 ファジィ集合とファジィ論理 ………………………………… *87*
  - 5.1.2 ファジィ数 ………………………………………………… *90*
  - 5.1.3 ファジィルール …………………………………………… *91*
  - 5.1.4 ファジィ推論 ……………………………………………… *92*
- 5.2 ニューラルネットワーク ………………………………………… *97*
  - 5.2.1 単一ニューロンの仕組み …………………………………… *97*
  - 5.2.2 多層ニューラルネットワーク ………………………………… *101*
  - 5.2.3 多層パーセプトロンによる推論 ……………………………… *102*
- 5.3 おわりに ………………………………………………………… *107*
- 参考文献 ……………………………………………………………… *108*

6 機械学習の基礎　　111

- 6.1 概念学習とパターン認識 ………………………………………… *111*
  - 6.1.1 近傍に基づく概念学習 ……………………………………… *112*
  - 6.1.2 近傍に基づく多クラス認識 ………………………………… *116*
- 6.2 一般的機械学習 ………………………………………………… *117*
  - 6.2.1 学習の定式化 ……………………………………………… *117*
  - 6.2.2 機械学習の例 ……………………………………………… *120*
- 6.3 機械学習の分類 ………………………………………………… *125*
  - 6.3.1 教師あり学習と教師なし学習 ……………………………… *125*
  - 6.3.2 帰納的学習と演繹的学習 …………………………………… *126*
  - 6.3.3 確率的学習と決定的学習 …………………………………… *127*
  - 6.3.4 パラメトリック学習とノンパラメトリック学習 ……………… *127*
  - 6.3.5 オンライン学習とオフライン学習 …………………………… *128*
- 6.4 近傍に基づく学習 ………………………………………………… *128*
  - 6.4.1 学習ベクトル量子化 ………………………………………… *129*
  - 6.4.2 自己組織ニューラルネットワーク …………………………… *132*
  - 6.4.3 R^4 規則 …………………………………………………… *134*
- 参考文献 ……………………………………………………………… *137*

7 グラフ構造に基づく学習　　139

- 7.1 ニューラルネットワークに基づく学習 …… *139*
  - 7.1.1 単一ニューロンに基づく学習 …… *139*
  - 7.1.2 多層パーセプトロンに基づく学習 …… *143*
- 7.2 決定木に基づく学習 …… *148*
  - 7.2.1 決定木の構成 …… *149*
  - 7.2.2 決定木による推論 …… *150*
  - 7.2.3 単一変量決定木の学習 …… *150*
  - 7.2.4 多変量決定木 …… *154*
  - 7.2.5 決定木とエキスパートシステム …… *157*
- 7.3 おわりに …… *159*
- 参考文献 …… *160*

8 知的探索　　163

- 8.1 単点探索アルゴリズム …… *163*
  - 8.1.1 最急降下法 …… *165*
  - 8.1.2 タブー探索 …… *167*
  - 8.1.3 疑似焼きなまし法 …… *173*
- 8.2 多点探索アルゴリズム …… *176*
  - 8.2.1 遺伝的アルゴリズム …… *176*
  - 8.2.2 粒子群最適化 …… *182*
  - 8.2.3 アリコロニー最適化 …… *184*
- 8.3 おわりに …… *188*
- 参考文献 …… *189*

9 これからの展望　　191

- 参考文献 …… *192*

索引　　195

1 人工知能の歴史と現状

　人工知能（AI: artificial intelligence）に関する世界初の国際会議（**ダートマス会議**）が1956年に開催されてからすでに60年が経過した。1950年代と1980年代にそれぞれAIの第1の波と第2の波があった。2010年代の現在は，AIの第3の波が押し寄せているところである。最近，GoogleのDeepMind社によって開発されたコンピュータ囲碁プログラムアルファ碁（AlphaGO）が，マスコミで大きく報道され，AIが再び世界の注目を浴びている。本章ではまずAIの歴史を簡単にふりかえることから始め，次に，最近の動向を整理する。これを通してAIを学習する動機付けとしたい。

1.1 AIの萌芽

　人間は他の動物よりも知能が高いゆえに，道具が使える。道具が使えるゆえに，人間はきばがなくても「武器」を持って野獣を倒すことができ，こうらがなくても「家」の中で安心して暮らせ，つばさがなくても「飛行機」に乗って空を高く飛べる。人間は，長い歳月をかけて，さまざまな道具を発明し，それらを改善してきた。道具には，人間の「身体能力」を伸ばすものが多い。身体能力と言えば，もともと人間は他の動物に比べて不器用である。速く走れないし，高く飛べない，木登りも下手である。しかし，人間はさまざまな道具を使うことによって，山を削ったり，海を埋めたり，宇宙空間で泳いだりすることができる。

　さまざまな発明の原動力は，人間の知的能力，すなわち，知能である。逆に，人間の知能自身も，さまざまな発明を通して強化されている。人間は，紙とペンを発明することによって，記憶力を伸ばし，算盤（そろばん）を発明することによって，計算能力を強化し，論理的思考方法を発明することによって，判断能力を高めた。人間は昔から知的活動を助ける道具を開発してきたが，「本気で」知能を「創る」ことを目指したのは，20世紀に入ってからのことである。

　最初は，アラン・チューリング（Alan Turing），クロード・シャノン（Claude Shannon），ジョン・フォン・ノイマン（John von Neumann）ら先駆者がいた。彼

らは直接に知能を作ることはできなかったが，その基礎理論を築いた。例えば，チューリングは，計算を形式的に行うための**チューリングマシン**（Turing machine）を考案した。これは最初の形式的計算モデルであり，形が簡単であるにもかかわらず，あらゆる計算可能な問題の解を記述することができる [1]。チューリングは，**チューリングテスト**（Turing test）も提案した。これが，機械の知能を検証する方法として広く知られている [2]。シャノンは，サンプリング定理，情報理論，論理回路などを考案し，情報通信技術の基礎を作り上げた [3]。フォン・ノイマンは，コンピュータと最も関連の深い人である。なぜなら，ほとんどのコンピュータは，フォン・ノイマンのモデルに従って作られたからである。フォン・ノイマンはゲーム理論，そしてそれをもとにしたオペレーションズ・リサーチなどについても大きく貢献した。

　同じ時期に，知能の源である脳に関する研究も盛んに行われた。脳に関する研究自体は昔から行われていたが，脳を模倣して機械を作ろうとする研究は，やはり，20世紀に入ってからのことである。その代表人物は，ヨーロッパではウィリアム・グレー・ウォルター（William Grey Walter）とウィリアム・ロス・アシュビー（William Ross Ashby），アメリカでは，ノーバート・ウィーナー（Norbert Wiener），ウォーレン・スタージス・マカロック（Warren Sturgis McCulloch），ウォルター・ピッツ（Walter J. Pitts），フランク・ローゼンブラット（Frank Rosenblatt）らである。

　ウォルターは，最初に脳波について考察したが，複雑そうな知的振る舞いは，もしかすると簡単なメカニズムで生成されているのではないか，という仮説を確認するために，世界初のロボット tortoises（亀型ロボット）を開発した [4]。これは知的ロボットに関する研究の発端であると言える。一方，アシュビーは，複雑な振る舞いをするシステムに関する理論を検討し，一般システム理論を提案した [5]。ウィーナーは，脳と機械における制御と通信について考察し，脳のようなシステムを**サイバネティックシステム**（cybernetic system）と称し，そのようなシステムが持つべき性質を論じた [6]。マカロックとピッツは，脳の中にある基本素子，すなわちニューロンの働きについて調べ，ニューロンの最初の数理モデルを提案した [7]。ローゼンブラットは複数のニューロンを利用して，**パーセプトロン**という，世界初の学習ができる回路を作った [8]。

　このように，20世紀の前半において，多くの科学者が知能について研究し，多くの知見を得た。そのころ，AIという言葉こそ明示的に使われていなかったが，

ロボット，コンピュータ，学習回路などが開発され，AIの芽がいよいよ伸びようとしていた．

1.2 第1の波

1950年代に，ジョン・マッカーシー（John McCarthy），マービン・ミンスキー（Marvin Minsky），ハーバート・アレクサンダー・サイモン（Herbert Alexander Simon），アレン・ニューウェル（Allen Newell）らがAIの第1の波を引き起こした．「AI」という言葉もマッカーシーによって提唱された．マッカーシーは，**LISP**（list processor）というコンピュータ言語を考案した [9]．LISPを使えば，さまざまな問題を，リストの再帰的処理によって解決することができるので，AIの世界においてはLISPが最も良く知られている言語の一つである．ただ，LISPで作られたプログラムには，多数の括弧があるので，LISPが「いらいらさせる大量の括弧」（lots of irritating superfluous parentheses）であると皮肉る声もある．

ミンスキーは，知識を従来の論理形式ではなく，グラフ形式で表現する**フレーム**（frame）を考案し，人間の問題解決過程をよりわかりやすくしようとした [10]．フレーム構造はその後，ウェブページ，オントロジー（ontology）などへ変形し，知識工学の基礎になった．ミンスキーは，初期のパーセプトロンの弱点を見つけた人でもある [11]．サイモンとニューウェルは**汎用の問題解決システム**（GPS: general problem solver）の提案者であり，問題を解決する一般理論を築いた [12]．このGPSによると，任意の問題は**探索問題**に帰着することができ，**手段目標分析**（MEA: means-ends analysis）に基づいて，解を見つけることができる．もちろん，さまざまな物理的制限があり，このような万能機械はいまも実現されていない．

AIを実用化したのが，エドワード・アルバート・ファイゲンバウム（Edward Albert Feigenbaum）である．ファイゲンバウムは，サイモンの弟子であり，当然GPSの利点と弱点を詳しく知っていたはずである．彼が提唱したのは，すべての問題を解決するシステムではなく，ある領域の問題しか解けない**エキスパートシステム**（expert system），すなわち「専門家システム」である [13]．エキスパートシステムは，GPSと同じようにMEAをコア技術として利用するが，解決する問題の範囲が限られたので，より使いやすくなった．

これらのAIシステムは，記号と論理をもとにプログラミングされたものであ

るために，学習能力がない．与えられた問題を解決するためには，人間の専門家はシステムにさまざまな知識を教える必要がある．AI は本来，人間の脳のように，みずから学習する必要がある．しかし，ローゼンブラットによって作られたパーセプトロンは，線形分離問題しか解けないので [11]，脳を模倣するニューラルネットワークに関する研究は AI の第 1 の波に乗れなかった．

1.3 第 2 の波

　AI の第 1 の波の勢いは，20 世紀 80 年代になると，徐々に衰え始めた．その根本的な理由は，やはり，知識獲得というボトルネックであった．もともと，第 1 の波の最大目標は，「知識さえあれば，機械も人間と同様に推論することができることを証明し，その推論方法を確立すること」であった．この目標は，当時の研究者たちの努力によって見事にクリアしたと言える．しかし逆に言えば，有効な知識獲得方法がなければ，機械は何もできないこととなる．

　AI の第 2 の波を引き起こしたのが，**ニューラルネットワーク**（NN: neural network）である．1986 年に，デビッド・ラメルハート（David E. Rumelhart）の研究チームが，**誤差逆伝播法**（BP: back propagation）を提案し，これによって複雑な知識も学習によって獲得できる**多層パーセプトロン**（MLP: multilayer perceptron）が構築可能となった [14]．実際，多層システムを構築する手法として，甘利俊一が 1967 年に BP を提案したが，当時の通信技術があまり発達していなかったため，同じアルゴリズムが異なる分野の人たちに何度も再発見されていた．

　ニューラルネットワーク（NN）の復帰によって，「人間らしい計算」（human-like computing）や「自然計算」（natural computing）などが連想され，**ファジィ論理**，**進化計算**などの重要性も改めて認識された．実際，ファジィ論理は 1965 年，ロトフィ・ザデー（Lotfi Zadeh）によって提案された [15]．**進化的プログラミング**と**進化戦略**も，1960 年代に，それぞれローレンス・J・フォーゲル（Lawrence J. Fogel）とインゴ・レチンバーグ（Ingo Rechenberg）らによって開発された [16, 17]．少し遅れて，**遺伝的アルゴリズム**が，ジョン・H・ホランド（John Henry Holland）によって提案された [18]．その後，**遺伝的プログラミング**がジョン・コザ（John Koza）によって提案された [19]．1990 年代に，ファジィ論理も進化計算も，AI の第 2 の波に乗せ，大きく前進した．

ニューラルネットワーク，ファジィ，進化はあわせて，**しなやかな計算**（soft computing）と呼ばれる。実際，しなやかな計算は AI の第 2 の波の象徴でもあった。しなやかな計算を利用すれば，機械も人間と同じように知識を学習し，獲得することができるという期待があった。しかし，問題は予想したよりも難しく，しなやかな計算だけでは，なかなか実用的な AI システムを得ることはできなかった。

1.4　第 3 の波

21 世紀になってから，AI の第 2 の波も弱まり，多くの人が AI の実現可能性について懐疑的になった。しかし，科学者たちはさまざまな視点から打開策を探り続けた。意外にも，AI の第 3 の波を引き起こした主役は，**インターネット**であった。最初に，われわれはインターネットが「情報の高速道路」（information highway）としか考えなかった。しかし，インターネットの目覚ましい進歩によって，大規模な分散計算（distributed computing）が可能となった。これによって**クラウド計算**（cloud computing）が発展し，そのお陰で，ビッグデータの保存と処理も現実的となった。

実際，クラウド計算とビッグデータは，AI システムが知識を獲得（学習）するためのバーチャル環境を提供している。すなわち，AI システムは，われわれ人間と同じ世界で同じように学習する必要がなく，バーチャル環境で学習することができる。いま，さまざまな AI がクラウドサーバーに実装され，「かれら」が「仕事」をしながら学習し，成長している。良く知られているのは，Google の情報検索システム，Amazon の商品レコメンドシステムなどがある。世界を驚かせた Google DeepMind 社のアルファ碁を支えているものも，単体のシステムではなく，複数のクラウドサーバーのクラスタ（かたまり）である [20]。

元々，これまでにさまざまなゲームソフトが開発されているが，囲碁は AI ができないゲームの一つだと多くの研究者が信じていた。なぜなら，囲碁をプレーする際，次の手を打つには，たくさんの選択肢があるためである。従来の方法を使う場合，膨大な計算が必要とされる。しかし，アルファ碁は，多層ニューラルネットワーク，すなわち，**深層学習**（deep learning）を使用することによって，プロ棋士のヒューリスティックを学習することができ，人間と同じように，「勝負勘」を持つことができる。しかも，アルファ碁は，プロ棋士の棋譜を学習するこ

とだけではなく，バーチャル環境の中でシミュレーションをして，自己対戦による自己学習ができる．これによって，アルファ碁がますます上手になり，人間よりも強くなることができる．

このように，AI の第 3 の波を象徴したのがクラウド計算とビッグデータであり，その背後にあるのがインターネットである．クラウド計算は，計算環境を提供しただけではなく，その中に大量でさまざまなデータを寄せ集めることによって学習環境をも提供する．この学習環境の中で，AI システムが自ら学習し，成長することができる．

また，アルファ碁は，囲碁をプレーするために「設計」されているが，問題を変え，その問題を定式化さえすれば，アルファ碁と同じ仕組みを持つ AI システムはさまざまな問題を上手く解決することができる．さらに，問題を与えるだけで，**問題の定式化**自体も，クラウド環境の中で AI が学習によって獲得できるようになる日はそれほど遠くないのではないかと思われる．このような時代になると，われわれ人間が，AI のことを知らずにはいられない．これからわれわれは，知能の仕組みを知り，人間の弱みと強みを知り，AI と共生共存しなければならない．

1.5　AI の定義

これまで，われわれは「知能」と「AI」を定義なしに使用してきたが，そもそも知能と AI は何か，それを科学的に定義する必要がある．まず「知能」を定義してみよう．「知能は，論理的に考える，計画を立てる，問題を解決する，抽象的に考える，考えを把握する，言語機能，学習機能などさまざまな知的活動を含む心の特性のことである」[21, 22]．この定義の中で，「問題解決」が中心であり，他の要素は問題を解決するために必要とされる「知能の特徴」である．

いま，問題解決とは何かを考えよう．実際，問題解決は，問題の**実行可能解の集合**（feasible set）の中から，最適な解を見つける探索問題である．すなわち，世の中のすべての問題は，探索問題に帰着し，解があれば，それを探索によって見つけることができる．面白いことに，解があるかどうかを証明する問題も，探索問題に帰着できる．論理的に思考することは，システム（脳）の中に記憶された知識をもとに，「解釈できる，実証できる形で」問題の解を探索することである．計画を立てることは，大きい問題を小さく分割し，それらの「部分問題」

を順番良く解決することによって，もとの問題の解を探索することである．抽象的に思考することは，実問題を一旦システム（脳）の「内部表現」にマッピングし，システムの中でシミュレーションすることによって解を探索することである．また，言語は，問題，その解，そして解を求める過程を表現するための道具である．そして，学習は，「問題の解をより効率的にまたは効果的に求める方法」を探索する過程である．

システムは，以上の特徴の一部あるいは全部を有するなら，知的であると定義できる．この定義によれば，人間は当然ながら，知的システムである．コンピュータで実現した知的システムは，AI システム，あるいは略して AI である．研究分野として考えた場合，AI は，知的システムを作るための理論，方法，技術などについて探究する学問である．

一概に知的システムとは言っても，システムによって知的レベルが異なるかもしれない．AI が目指すものは，どのようなシステムなのか，これについてさまざまな見解がある．通常，人間が地球上で最も知的であるので，人間のように振る舞うシステムを作ることは AI のゴールであると考える人が多い．ウォルターの亀型ロボットも，チューリングの「人間検証テスト」も，振る舞いに着目して考案されたものである．しかし，振る舞いだけに着目して作られたシステムは，心を持たない可能性があり，本当の知能を持たないかもしれない [23]．逆に，人間のような心をシステムに持たせ，そのシステムが本当の知能を持つのかと聞かれると，そうでもない．例えば，人間のように感情を持つと，人間臭さがあり，人間らしくなるが，さまざまな問題を「合理的」に解決できなくなる可能性もある．すなわち，人間の知能レベルは，われわれが思ったほど高くないかもしれない．

では，知能のレベルを客観的に，数値的に定義できるかどうかを考えよう．例えば，数値的に，システムの知能レベルは，それが解決できる問題の難易度で定義しよう．問題の難易度は，問題の複雑さあるいはそれを解決するために必要とする計算量で計ることができる．すなわち，解ける問題が難しいほど，システムの知能が高いと言える．この定義によると，例えば，2 つの AI システム A と B があるとして，システム B が解決できるすべての問題が A も解決できるが，逆に A が解決できる問題の中で，B が解決できないものがあれば，B よりも A の知能が高いと言える．

しかし，問題の領域を固定すれば，その中にあるすべての問題を解決できるシステムあるいはアルゴリズムがたくさんあるかもしれない．その中で，より効率的なものがより高い知能があると考えられる．例えば，任意の問題を平均1秒で正しく解けるシステムと，平均1時間でやっとできるシステムと比べると，前者の知能が高いと言える．また，効率が同じでも，より効果的なものがより高い知能があると言える．例えば，任意の問題を，ともに1秒以内で解けるが，より良い解を与えるシステムがより知能が高いと言える．例えば，海外旅行のルートを求める問題に対して，旅行に必要とする金額や時間などが少ないルートはより良い解である．このように，システムの知能レベルを数値的に定義するために，さまざまな要素を考えなければならない．たくさんの要素を同時に考えることは人間にとって大の苦手である．この意味で，さまざまな領域で実装されたAIシステムはすでに人間の知能を超えている．

　AIがすでに人間の知能を超えていることは，やはり認めたくない．以上の定義は，どこかで間違っているのではないかと思われる．その間違いを探るために，数値的ではなく，別の視点から知能のレベルを考えてみよう．実際，問題が与えられ，それを定式化すれば，それを「機械的に」解決できるので，知能がいらないという考え方もある．例えば，海外旅行問題を考えよう．この問題は，周知の**深さ優先探索**や**幅優先探索**で解決することができる．探索性能を向上するためには，**最良優先探索**などを利用すればよい．この意味で，人工システムの知能レベルは実に低いものである．

　多くの問題は，**探索グラフ**で表現でき，単純な機械的操作を繰り返すだけで解決できる．グラフで表現できない問題でも，数式で表現できる問題が多く，このような場合にも，非線形計画法などで解決できる．ここでポイントとなるのが問題の定式化である．人間は，さまざまな問題を分析し，問題を定式化し，道具を利用して問題を解くことができる．しかし，AIシステムの場合は，今のところこのような能力がない．したがって，人工システムの知能レベルはまだ人間以下であると考えられる．

　しかし，機械的にできると知能が要らないかというと，そうでもない．システムの内部で機械的にやっているが，外観的には，すなわち，振る舞いから見れば，知的であることが十分ありうる．実際，既存のAIシステムのほとんどはこのようなものである．われわれ人間の脳も，その中を覗くと，ニューロンの働きは非常に単純で機械的である．したがって，問題を機械的に解決しているからといっ

て知的システムではないという結論は得られない。

以上の議論からわかるように，視点によっては，AIの知能レベルが人間のそれよりも高いと見ることもできれば，その逆も言える。現時点で人間が自慢できるのが，与えられた問題に対して，それを定式化できる点である。しかし，問題の定式化も，それを問題解決過程の一ステップとして考えれば，機械的に解決できる。したがって，問題の定式化も，人間固有の知能ではない。この意味で，知能のレベルで言えば，AIはいずれ人間を超える時期が来る。

では，AIシステムに比べて，われわれ人間が持つ「すごさ」は一体何であろうか。それは，一言で言えば，「**生命**」である。人間は生命であるから，サイバネティックである，すなわち，「**自己ガバナンス**」(self-governance) をする能力がある [24]。人間は，生きるために，時々刻々に環境と自分の状況に合わせ，目標を設定して，その目標を達成するために問題を発見し，解決する。これに対して，AIシステムは，生きる動機がなく，生きるための目標設定や問題発見もない。すべての問題が，人間が与えたものである。したがって，AIは，その知能レベルが人間を超えたとしても，人間の道具にすぎない。われわれ人間にとっては，この状態をこのまま永遠に続けてほしい。しかし，人工システムに，知能だけではなく，生命をも持たせるとなると話は別である。それは，進化の自然な流れであるかもしれないが，われわれが真剣に考えなければならない問題でもある。

1.6 本書の構成

本書は，学部レベルでAIの基礎知識を勉強するための教科書として書かれたものである。その内容は主に3つの部分からなる。1つ目は，問題の定式化と探索であり，第2章と第8章から構成される。2つ目は，知識表現と推論，第3章〜第5章から構成される。3つ目は，学習と知識獲得，第6章と第7章からなる。第8章は，多少難しいので，オプションとすることができる。

具体的に，第1章は，AIの歴史と現状について解説する。第2章は，簡単な例を使って，問題の定式化方法と，グラフ探索に基づく問題解決方法を説明する。第3章〜第5章は，それぞれ，論理による知識表現と推論，エキスパートシステム，しなやかな知識表現を紹介する。第6章と第7章は，それぞれ，パターン認識問題と知識獲得の基本，決定木とニューラルネットワークに基づく知識獲得を紹介する。第8章は，高度な知的探索について概説する。第9章は，今後の展望

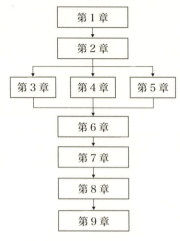

図 1.1 本書の流れ

である。

　基本的に，第 2 章から第 7 章までの各章の内容は，およそ 2 回の 90 分の授業で学習することができる。イントロダクションと復習を含めて，およそ 15 回の講義で AI 関連の基礎内容を一通り学習し，把握することができる。グラフ探索や命題論理などについて，アルゴリズム，離散数学などの科目で勉強したとすれば，これらの内容を省き，第 8 章を講義の中に組み込むと良いと思われる。各章の演習問題は，学習内容をより深く理解するために，宿題として使用することができる。演習問題の解答例は以下のホームページから入手することができる：

http://www.u-aizu.ac.jp/~qf-zhao/AI-textbook/Homework-Answer/index.html

　また，学習の順番は，基本的に図 1.1 のようになる。第 3 章から第 5 章の各章は，できるだけ独立に学習できるように書かれていて，どれを先に学習しても構わない。

　学部の学生ではなく，これから AI の研究を始めようとする「社会人」や，すでに AI の研究者であるがその全体像を知りたい方も，本書を参考書として活用することができる。その場合，本書の内容に限らず，参考文献を積極的に参照することを薦めたい。AI の世界では，まだまだ課題が多く，本書は課題の発見，問題の解決に役に立つことを目的にしているが，ページ数の制限などもあり，意を尽

くせない点についてはあらかじめお許しいただきたい。

第1章の参考文献

[1] A. Turing, "On Computable Numbers, with an Application to the Entscheidungs Problem," *Proceedings of the London Mathematical Society*, Series 2, Volume 42, 1936（reprinted in M. Davis（ed.）, *The Undecidable*, Hewlett, NY: Raven Press, 1965）.
[2] A. Turing, "Computing Machinery and Intelligence," *Mind*, Vol. LIX, No. 236, pp. 433-460, 1950.
[3] C. Shannon and W. Weaver, *The Mathematical Theory of Communication*, The University of Illinois Press, 1949.
[4] A. Pickering, *The Cybernetic Brain*, The University of Chicago Press, 2010.
[5] W. R. Ashby, *An Introduction to Cybernetics*, Chapman & Hall Ltd., 1957.
[6] N. Wiener, *Cybernetics: Or Control and Communication in the Animal and the Machine*, John Wiley & Sons, Inc., New York; and Hermann & Cie, Paris, 1948.
[7] W. McCulloch, and W. Pitts, "A Logical Calculus of the Ideas Immanent in Nervous Activity," *Bulletin of Mathematical Biophysics*, Vol. 5, pp. 115-133, 1943.
[8] F. Rosenblatt, "The Perceptron: A Probabilistic Model for Information Storage and Organization in the Brain," *Psychological Review*, Vol. 65, No. 6, pp. 386-408, 1958.
[9] J. McCarthy, "Recursive Functions of Symbolic Expressions and Their Computation by Machine, Part I," *Communications of the ACM*, 1960.
[10] M. Minsky, "A Framework for Representing Knowledge," MIT-AI Laboratory Memo 306, June, 1974（Reprinted in The Psychology of Computer Vision, P. Winston（Ed.）, McGraw-Hill, 1975）.
[11] M. Minsky and S. Papert, *Perceptrons: An Introduction to Computational Geometry*, The MIT Press, Cambridge MA, 1972.
[12] A. Newell, J. C. Shaw, and H. A. Simon, "Report on a General Problem-Solving Program," Proceedings of the International Conference on Information Processing. pp. 256-264, 1959.
[13] E. A. Feigenbaum, "Some Challenges and Grand Challenges for Computational Intelligence," *Journal of the ACM*, Vol. 50, No. 1, pp. 32-40, 2003.
[14] D. E. Rumelhart, G. E. Hinton, R. J. Williams, "Learning Representations by Back-Propagating Errors," *Nature*, Vol. 323, No. 6088, pp. 533-536, 1986.
[15] L. A. Zadeh, "Fuzzy Sets," *Information and Control*, Vol. 8, No. 3, pp. 338-353, 1965.
[16] L. J. Fogel, A. J. Owens, and M. J. Walsh, *Artificial Intelligence through Simulated Evolution*, John Wiley, 1966.
[17] H. G. Beyer and H. P. Schwefel, "Evolution Strategies: A Comprehensive Introduction," *Journal Natural Computing*, Vol. 1, No. 1, pp. 3-52, 2002.
[18] J. Holland, *Adaptation in Natural and Artificial Systems*, Cambridge, MA: MIT Press. 1992.
[19] J. R. Koza, *Genetic Programming*, the MIT Press, England, 1992.
[20] D. Silver and D. Hassabis, "AlphaGo: Mastering the Ancient Game of Go with Machine Learning," Google Research Blog, January 27, 2016.

[21] 知能,Wikipedia, https://ja.wikipedia.org/wiki/知能, Updated on Feb. 23, 2016.
[22] L. S. Gottfredson, "Mainstream Science on Intelligence," *Intelligence*, Vol. 24, pp. 13-23. 1997.
[23] S. Harnad, "Category Induction and Representation," Categorical perception: The Groundwork of Cognition, Edited by S. Harnad, New York: Cambridge University Press, 1987.
[24] Q. F. Zhao, J. Brine, and D. P. Filev, "Defining Cybernetics - Reflections on the Science of Governance," *IEEE SMC Magazine*, Vol. 1, No. 2, pp. 18-26, 2015.

2 問題の定式化と探索

与えられた問題を解決することは，すべての可能な解の中から，最も良いと思われるものを探すことである。理論的には，問題の解が存在すれば，その解を探索によって求めることができる。しかし，あらゆる問題を同じ手法で解決すると，効率良く解が得られないかもしれない。問題の解を効率的に得るためには，問題の性質を理解し，それを生かすことが大切である。本章ではまず，任意の問題に対して，それを解決するための共通手法を紹介する。後続の章では，定理証明，推論，学習などの問題を具体的に取り上げ，その性質を調べ，問題を効率的に解決する方法を考える。

2.1 問題の定式化

任意の問題が与えられたとき，それをコンピュータで解決するためには，まず**問題の定式化**（problem formulation）をする必要がある。すなわち，すべての問題を同じ形に直し，それに共通した手法を適用すれば機械的に解決できる。議論をわかりやすくするために，まずいくつかの具体例を見ておこう。

例題 2.1 **迷路問題**は，ある迷宮の入口から入り，その中で道をたどりながら，

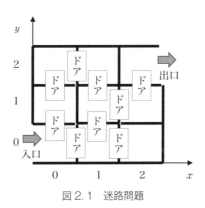

図 2.1　迷路問題

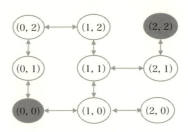

図2.2 迷路問題のグラフ表現

出口を見つける問題である。われわれ人間はこの迷路問題を解決する際に，難しいパターンに対してパニックに陥ることもあるので，必ずしも「知的」ではない。しかし，この問題を定式化して，機械的に解決すると，非常に簡単なものになる。図2.1のような迷路問題の定式化について検討せよ。ただし，迷宮は四角形であり，それが正方形の部屋でつめられているとする。

[解答] 人がいま居る部屋を**状態**（state）として定義し，この状態は，部屋の座標で表すことができる。座標の値は，部屋単位でよいので，離散値を取ることができる。例えば，図2.1の迷路問題の場合，人が入口から入ると，その状態は $\mathbf{x}_0=(0,0)$ である。出口から出る前の状態は $\mathbf{x}_t=(2,2)$ である。ドアがあるときのみ，部屋から部屋へ移動できる。人は，前（進む方向）の部屋へ移動，後の部屋へ移動，左の部屋へ移動，右の部屋へ移動，の4種類の動作あるいは操作をすることができる。これらの動作によって状態は次から次へと遷移する。

このように，状態と**状態遷移**（state transition）の様子を図2.2の「グラフ」のように書くことができる。グラフの定義およびその性質などは，アルゴリズム関連の教科書（例えば，[1]の第2巻）にあるので，ここでは説明を省く。図2.2のグラフの中で，状態はノードで表されている。例えば，状態 $(0,1)$ に対応するノードから状態 $(0,2)$ に対応するノードへエッジがあり，これは，状態 $(0,1)$ から，ある動作を施すことによって状態 $(0,2)$ に遷移できることを意味する。入口に当たるノードからスタートして，出口に当たるノードへたどり着く経路（path）は，この迷路問題の解である。解は，複数あってもよい。 □

例題 2.2 AI の領域においてよく知られている「**ハノイの塔**」(Hanoi's tower) という問題がある。この問題は，図 2.3 のように，A の棒にある中心に穴がある 3 枚の円盤を，B の棒に移す問題である。ただし，円盤の大小順番は移動した後も変わらないとする。また，移動の途中で小さい円盤の上に大きい円盤を置くことは禁止される。作業を行うためには，C の棒をワークスペースとして利用することができる。この問題の定式化について検討せよ。

図 2.3 ハノイの塔問題

[解答] この問題を形式的に解決するためには，まず問題の「状態」を定義する。例えば，最初の状態は，$\mathbf{x}_0 = (123;000;000)$ で表すことにしよう。ここで，セミコロンは区切り記号で，一番目のセミコロンの前は棒 A の内容，一番目と二番目のセミコロンの間は棒 B の内容，二番目のセミコロンの後ろは棒 C の内容である。数字の 1, 2, 3 は円盤の大小関係を示すもので，絶対値ではない。「0」は，円盤がないことを意味する。完成後の状態は，$\mathbf{x}_t = (000;123;000)$ となる。初期状態 $\mathbf{x}_0$ から，例えば，一番上の円盤を C に移した場合，状態は $\mathbf{x} = (023;000;001)$ となる。迷路問題と同じように，ハノイの塔も，状態をノード，状態遷移をエッジとして，グラフの形で表現することができる。2 つのノードの間にエッジがあることは，1 つのノードに対応する状態から，ある円盤をルールにしたがって移動することによって，もう 1 つのノードに対応する状態へ遷移できることを意味する。このグラフをもとに，初期状態に対応するノードからスタートし，完成状態に対応するノードへたどり着く経路を見つければ，問題が解決できる。 □

実際，迷路もハノイの塔も，**探索問題**である。探索問題は，初期状態 $\mathbf{x}_0$ からスタートし，現在状態 $\mathbf{x}$（今わかっている解）を遷移させながら，目標状態 $\mathbf{x}_t$ を見つける問題である。迷路問題において，状態は人の位置（部屋の座標）である。

表 2.1　探索の一般アルゴリズム

Step 1：	$\mathbf{x}=\mathbf{x}_0$；　// 状態を初期化する。
Step 2：	$N(\mathbf{x})=\phi(\mathbf{x})$；　// 遷移可能な状態を求める。
Step 3：	$\mathbf{x}'=\sigma(N(\mathbf{x}))$；　// 次の状態を求める。
Step 4：	If $\mathbf{x}'=\mathbf{x}_t$ stop；Else $\mathbf{x}=\mathbf{x}'$, Step 2 に戻る；

初期状態は入口がある部屋で，目標状態は出口がある部屋である。ハノイの塔の場合，状態は円盤の配置状況である。初期状態には棒 A だけに円盤が配置され，目標状態には棒 B だけに円盤が配置される。一般に，状態は n 次元のベクトル $\mathbf{x}=(x_1, x_2, \cdots, x_n)^T$ の形で表すことができる。ここで，$\mathbf{x}$ は**状態ベクトル**（state vector）と言い，x_i は，$\mathbf{x}$ の i 番目の**状態変数**（state variable）である。すべての状態の集合は，「**状態空間**」あるいは「**探索空間**」と言う。探索問題の目標状態は最終解で，状態空間にあるすべての点（すなわち，状態）は可能解である。初期状態を $\mathbf{x}_0$，目標状態を $\mathbf{x}_t$ として，探索問題は表 2.1 のようにアルゴリズム形式で記述することができる。

表 2.1 において，$N(\mathbf{x})$ は現在状態 $\mathbf{x}$ から次に遷移できる状態の集合である。通常，$N(\mathbf{x})$ は $\mathbf{x}$ の「**近傍**」（neighborhood）であると言う。φ は $\mathbf{x}$ の近傍 $N(\mathbf{x})$ を求める関数で，σ は $N(\mathbf{x})$ から次に訪問すべき状態を一つに選ぶ関数である。σ による操作は，**選択的注目**（selective attention）とも言う。$\psi(\mathbf{x})=\sigma(\phi(\mathbf{x}))$ は**状態遷移関数**（state transition function）と言う。

一般に，状態ベクトルの各要素は実数を取り，状態空間は無限の空間である。通常，状態空間はユークリッド空間であると仮定する。状態遷移関数 ψ は，ローカル探索を行うことによって，現在状態から，次の状態（よりよい解）を求める関数である。AI 関連の多くの問題について，状態ベクトルの各要素は有限個の離散値を取る。この場合，状態空間は状態をノードとする有限グラフで表現できる。このグラフは，「**探索グラフ**」（search graph）と言う。本章では，まずこのような離散問題について考察する。

状態空間を探索グラフで表現すれば，解決すべき問題は，指定した初期状態に対応するノードからスタートして，グラフを走査（traverse）しながら，目標状態に対応するノードを探索する問題となる。これは，表 2.1 の Step 2 と Step 3 を繰り返すことによって実現される。Step 2 において，関数 φ は現在ノード $\mathbf{x}$ につないでいるノードの集合，すなわち $N(\mathbf{x})$ を求める。Step 3 において，関数 σ は

$N(\mathbf{x})$ の中から状態を一つだけ選び，次の状態とする。以下，便利のため，状態もそれに対応するノードも，同じ記号（例えば，$\mathbf{x}$, $\mathbf{y}$ など）で記述する。

表2.1のアルゴリズムを利用するために，当然，関数 ϕ と σ を適切に定義する必要があるが，状態遷移の過程を適切に制御することも重要である。状態遷移を適切に制御しなければ，探索が無限ループに入り，いくら続けても解が見つけられないことや，現在ノードの周辺からより良い解が見つけられなく，探索が途中で失敗することもある。状態遷移関数と状態遷移を制御する仕組みは，それぞれどのようなものなのかを考えながら，これから紹介する探索アルゴリズムを学習すれば，アルゴリズムの本質をよりよく理解できるものと思われる。

例題 2.3 探索グラフを利用すれば，探索問題はグラフの走査問題に帰着できる。しかし，探索グラフの規模（ノード数）は問題に依存し，問題によっては探索グラフを予め与えないほうがよい場合もある。図 2.4 に示す **8 パズル問題**（8-puzzle problem）は，このような問題である。四角形ボードの上に9個の枠があり，その中の8個の枠に，1から8と書いてあるタイルが置かれている。8パズル問題とは，タイルの任意の配置状態から，左上から時計回りの順になるように並べ替えることである。ただし，並べ替える際に，タイルをボードから取り出すことは禁止され，空いている枠Bの隣にあるタイルだけを移動することができる（図の中でBはブランクの意味である）。この問題の定式化について検討せよ。

[解答] 8パズル問題において状態は9次元の状態ベクトルで表すことができる。例えば，図2.4に示している初期状態と目標状態は，それぞれ（B 2 3 4 5 6 7 1 8）と（1 2 3 4 5 6 7 8 B）である。8パズル問題を探索グラ

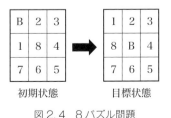

図2.4　8パズル問題

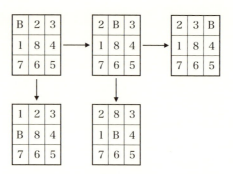

図2.5　8パズル問題におけるノードの展開

フで表現すると，ノード数は18万くらいある（9!/2）。このような問題を解くために，事前に探索グラフを与えず，初期状態からスタートして，必要に応じてノードを「展開」しながら探索を行うことで，より効率的になる。ここで**ノードの展開**（node expansion）とは，現在ノードの子ノードの集合を求めることである。また，ノードの展開は，表2.1の関数ϕに対応し，子ノードの集合は$N(\mathbf{x})$に対応する。例えば，図2.5は，状態（B23456718）に対応するノードを展開する様子を示している。ノードを展開していくうちに，目標状態に対応するノードを見つければ，解が得られることになる。勿論，迷路やハノイの塔のような問題も，ノード展開で解決することができる。　□

2.2　単純探索アルゴリズム

AI関連の探索問題において，任意の状態から遷移できる状態の数は限られている場合が多い。例えば，迷路問題の場合，人が移動できる方向は，上下左右の4つしかないので，探索グラフの任意のノードを展開するときに，4つ以上の子ノードを得ることはない。8パズル問題も，B（ここで，ブランクを一つのタイルとして考えると便利である）が上下左右しか動けないので，任意のノードを展開する際に，たかだか4つの子ノードしかない。したがって，ノードを再帰的に展開していけば，必ず有限時間内で解が得られると考えられる。

現在ノード$\mathbf{x}$を展開して得られた子ノードの集合$N(\mathbf{x})$から，次に行くべきノードを一つに絞るのが関数σの役目である。このとき，子ノードを選ぶ方法と残

表 2.2 探索アルゴリズム I

Step 1:	初期ノードを Open List に加える。
Step 2:	Open List の先頭からノードを一つ取り出し，**x** とする。Open List が空であれば探索が失敗で終了する。ノード **x** が目標ノードであれば探索が成功したので終了する。
Step 3:	ノード **x** を展開し，子ノードの集合を得る。**x** を Closed List に加える。
Step 4:	子ノードの集合から Closed List に含まれないものに対して **x** へのポインタをつけ，Open List に加える。ただし，子ノードの集合が空のときは何もしない。また，すでに Open List にある子ノードは再度追加されない。
Step 5:	Step 2 に戻る。

りの子ノードを処理する方法は，解が見つけられるかどうかを左右する。例えば，現在ノード **x** を展開してから，子ノード集合 $N(\mathbf{x})$ からノードを一つランダムに選んで，残りのノードを無視する方法がある。この場合，解をなかなか見つけられないか，解を見つけたとしても遠回りをしてしまう可能性が高い。この問題を解決するために，探索の過程をある程度記憶する必要がある。例えば，探索の過程ですでに訪問したノードをマークし，それを2回以上訪問しないようにすれば，遠回りの問題が解決できる。しかし，この方法の場合，もし探索途中で失敗する場合，後戻りができないので，正解が見つけられない可能性が高くなる。

正解を必ず見つけるようにするためには，**後戻り**（backtracking）ができるようにすればよい。そのためには，**Open List** というワーキングメモリを設ける。Open List には，探索過程においてノード展開によって得られた子ノードを保存する。探索は途中で失敗したときに，Open List からまだ訪問されていないものを一つ取り出して，それを初期状態として探索を再スタートすればよい。訪問済みのノードをマークするためには，**Closed List** を設け，そこには，訪問済みのノードを保存する。Open List と Closed List を利用する探索は，アルゴリズム形式で記述すると表2.2のようになる。

表2.2のアルゴリズム I の Step 4 において，展開で得られた子ノードに対して，現在ノード **x** へのポインタをつけておいて，探索で目標ノードを見つけたら，そこからさかのぼって初期ノードへ行ける経路を求めることができる。データ構造的には，グラフのノードを図2.6のように実装できる。すなわち，ノードは，2つの領域から構成される。Data 領域には，ノードの ID，対応する状態ベクトル，コストなどを保存する。Parent 領域には親ノードへのポインタ，すなわ

| Data | Parent |

図2.6 探索グラフのノードのデータ構造

表2.3 図2.2の迷路問題の解

ステップ	Open List	Closed List
0	(0, 0)	—
1	(1, 0) (0, 1)	(0, 0)
2	(2, 0) (1, 1) (0, 1)	(0, 0) (1, 0)
3	(1, 1) (0, 1)	(0, 0) (1, 0) (2, 0)
4	(2, 1) (1, 2) (0, 1)	(0, 0) (1, 0) (2, 0) (1, 1)
5	(2, 2) (1, 2) (0, 1)	(0, 0) (1, 0) (2, 0) (1, 1) (2, 1)
6	(2, 2)＝目標ノード，終了	(0, 0) (1, 0) (2, 0) (1, 1) (2, 1)

ち，親ノードのアドレスを保存する．本章において，ノードと言えば，暗黙に図2.6のように実装されていると仮定する．

表2.1と表2.2とを比較するとわかるように，探索アルゴリズムIにおいて，関数φはノードの展開によって実装される．また，関数σは，Open Listの「先頭」を指定することによって実現される．全体の探索過程は，Closed ListとOpen Listを利用して制御されている．表2.2の探索アルゴリズムIにおいて，Open Listがスタック（stack），すなわちFirst-In Last-Out（FILO）メモリで実装された場合，探索は「**深さ優先探索**」となる．Open Listがキュー（queue），すなわちFirst-In First-Out（FIFO）メモリで実装された場合，探索は「**幅優先探索**」となる．深さ優先探索も幅優先探索もよく知られている探索方法であるが，幅優先探索は，探索グラフが無限の場合でも，探索の途中で解が存在すれば，必ず見つけられる利点がある．

例題2.4 探索アルゴリズムIを利用して，図2.2の迷路問題を解け．

[解答] 表2.3には，図2.2の迷路問題を深さ優先探索で解決する手順を示している．人が進む方向を「前」として，ノードの展開は左，前，右の順に行う．例えば，部屋 (0, 0) から部屋 (1, 0) へ移ったときに，ノー

ド (1, 0) の子ノード (1, 1) と (2, 0) は順番にスタックに入れる（先に入れたのが後ろになる）．子ノードをスタックに入れるときに，現在ノードのアドレスもその Parent 領域に記憶しておく．表 2.3 のステップ 6 では，現在ノードの (2, 2) は目標ノードであるため，それを Closed List に入れずに，プログラムが終了する．ノード (2, 2) の Parent 領域の内容からスタートして，下の図で示したように所望の経路の逆順を求めることができる． □

$$(2, 2) \rightarrow (2, 1) \rightarrow (1, 1) \rightarrow (1, 0) \rightarrow (0, 0)$$

演習問題 2.1 表 2.3 と同じように，幅優先探索を利用して図 2.2 の迷路問題を解け．キューの使い方について必要があれば，例えば参考文献 [1] の第 1 巻を参照せよ．

演習問題 2.2 ハノイの塔問題に対して，探索グラフのノード数を求めよ．また，問題の解の一つを与えよ．

2.3 経路のコストを考慮した探索

これまでの説明では，問題の解は目標状態であると仮定した．実際，初期状態から目標状態にできるだけ速くたどり着くこと，あるいは初期状態から目標状態にたどり着くのにできるだけ低いコストに抑えることが重要である．これは，一般に**最短経路問題**（shortest path problem）として定式化される．経路のコストを評価するために，任意のノード $\mathbf{x}$ に対して，初期ノードから $\mathbf{x}$ にたどり着くのにかかるコスト $C(\mathbf{x})$ を定義する必要がある．そのために，各エッジの重みを定義すればよい．エッジの重みは，ある状態から次の状態に遷移するのにかかるコストである．最短経路問題において，ノード $\mathbf{x}$ からノード $\mathbf{x}'$ へ行く（あるいは，対応する状態遷移を行う）ためのコスト $d(\mathbf{x}, \mathbf{x}')$ は，通常，2 つの場所の間の距離として定義する．一般の探索問題に関しては，$d(\mathbf{x}, \mathbf{x}')$ を $\mathbf{x}$ と $\mathbf{x}'$ に対応する 2 つの状態ベクトル間の距離で定義するか，局所探索を行うための計算コスト（例えば，ある状態の周りの状態空間のランドスケープ（landscape）の複雑度など）で定義することもできる．最短経路の最適解を得るために，表 2.4 の**均一コスト**

表 2.4　探索アルゴリズム II（均一コスト探索）

Step 1：　初期ノード x_0 とそのコスト $C(x_0)=0$ を Open List に加える。
Step 2：　Open List の先頭から一つのノードを取り出し，x とする。Open List が空であれば探索が失敗で終了する。ノード x が目標ノードであれば探索が成功で終了する。
Step 3：　ノード x を展開し，子ノードの集合を得る。x を Closed List に加える。
Step 4：　子ノードの集合から Closed List に含まれないもの x' に対して，そのコスト $C=C(x)+d(x,x')$ を計算する。x' が Open List に入ってなければ，x へのポインタをつけ，$C(x')=C, \{x', C(x')\}$ を Open List に入れる；x' がすでに Open List に入っている場合，$C<C(x')$ であれば，x へのポインタを付け替え，C を $C(x')$ に代入する。Open List にあるノードをコストの上昇順でソートする。
Step 5：　Step 2 へ戻る。

探索アルゴリズムがある。

　均一コスト探索を行う場合，ノード x を展開した時点で，すでに x までの最適な経路が発見されている，すなわち，探索の結果は最適であることが帰納的に証明できる。最適解の意味は応用によって違う。例えば，カーナビにおいては，出発地点から目的地までの最短経路が最適解である。定理証明においては，あらゆる証明方法の中で，最も簡潔なものが最適解である。一般論として問題解決において，任意の初期解から目標解を得るための最も効率的な解決方法が最適解である。

　探索アルゴリズム II は，1956 年にエドガー・ダイクストラ（Edsger Wybe Dijkstra）によって提案されたので，**ダイクストラアルゴリズム**（Dijkstra algorithm）とも呼ばれる [2]。このアルゴリズムは，アルゴリズム I と同様，関数 φ はノードの展開によって実装される。しかし，関数 σ を実行する際に，Open List をソートする必要があるので，計算コストが高くなる。この問題を解決するために，Open List を優先度つきキュー（priority queue）で実装することを薦める [3]。

例題 2.5　図 2.7 は，図 2.1 の迷路問題に「コスト」を追加したバージョンである。エッジの上か横にある数字は，部屋から部屋へ移るときに，ドアの鍵を開けるために必要な時間である（例えば，分単位）。この問題に対して，入口から出口までの経路を探索することだけではなく，鍵を開けるのにかかる時間も考慮し，できるだけ速く迷路から脱出する経路を見つけたい。コスト均一探索アルゴリズムを利用して，この問題を解け。

2.3 経路のコストを考慮した探索

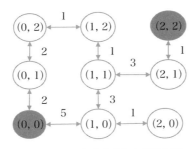

図 2.7 コストを考慮した迷路問題

表 2.5 図 2.7 の迷路問題の均一コスト探索

ステップ	Open List	Closed List
0	$\{(0,0),0\}$	—
1	$\{(0,1),2\},\{(1,0),5\}$	$(0,0)$
2	$\{(0,2),4\},\{(1,0),5\}$	$(0,0)\ (0,1)$
3	$\{(1,0),5\},\{(1,2),5\}$	$(0,0)\ (0,1)\ (0,2)$
4	$\{(1,2),5\},\{(2,0),6\},\{(1,1),8\}$	$(0,0)\ (0,1)\ (0,2)\ (1,0)$
5	$\{(2,0),6\},\{(1,1),6\}$	$(0,0)\ (0,1)\ (0,2)\ (1,0)\ (1,2)$
6	$\{(1,1),6\}$	$(0,0)\ (0,1)\ (0,2)\ (1,0)\ (1,2)\ (2,0)$
7	$\{(2,1),9\}$	$(0,0)\ (0,1)\ (0,2)\ (1,0)\ (1,2)\ (2,0)\ (1,1)$
8	$\{(2,2),10\}$	$(0,0)\ (0,1)\ (0,2)\ (1,0)\ (1,2)\ (2,0)\ (1,1)\ (2,1)$
9	$(2,2)$＝目標ノード，終了	$(0,0)\ (0,1)\ (0,2)\ (1,0)\ (1,2)\ (2,0)\ (1,1)\ (2,1)$

[解答]　表 2.5 は，コスト均一探索による結果を示す。この結果から，最適な経路の逆順は，下の図で与える。これは最短経路であることが，図 2.7 で確認できる。　□

$(2,2) \to (2,1) \to (1,1) \to (1,2) \to (0,2) \to (0,1) \to (0,0)$

演習問題 2.3　図 2.7 の探索グラフのノード $(0,1)$ と $(1,1)$ の間に，コストが 1 であるエッジを追加した場合，初期ノードから目標ノードまでの最短経路をア

ルゴリズム II で探索せよ。探索過程を表 2.5 と同じようにまとめよ。

2.4 ヒューリスティック探索

　これまで紹介した探索方法は，すべてしらみつぶし的である。探索グラフが有限であれば，必ず有限ステップで解が見つけられるが，最悪の場合は，すべてのノードを訪問しないといけない。探索をより効率的に行うために，ヒューリスティックを利用する方法がある。**ヒューリスティック**（heuristic）は，「発見的」と訳すこともあるが，そのまま外来語として使うこともできる。ヒューリスティックは通常人間が経験に基づいて得られたノウハウのようなものである。例えば，「このような場合，こうすれば，なんとなく，うまくいく」，と言うことはよく知られている。探索の場合も同じように，ヒューリスティックを利用すれば，膨大な可能性から，解を効率よく見つけることができる。

2.4.1　最良優先探索

　ヒューリスティック探索（heuristic search）は，できるだけ低いコストで最適な経路を求める方法である。ヒューリスティック探索の基本は，**ヒューリスティック関数**（heuristic function）を導入することである [4]。探索の過程で展開された任意のノード $\mathbf{x}$ について，そのヒューリスティック関数値 $H(\mathbf{x})$ は通常，このノードから目標ノードまでの「予測距離」あるいは「**予測コスト**」で定義する。予測なので，必ずしも正確ではない。通常，ある評価基準をもとに $\mathbf{x}$ を評価することによって $H(\mathbf{x})$ を求める。目標ノードの評価値（すなわち，コスト）を最小値として，$H(\mathbf{x})$ がこの最小値に近ければ近いほど，$\mathbf{x}$ のコストが低いと判断できる。ヒューリスティック関数を基に，探索は表 2.6 の**最良優先探索**（best first search）アルゴリズムで行える。

　このアルゴリズムの Step 4 において，$\mathbf{x}'$ がすでに Open List に入っている場合には，特別処理をしている。しかし，通常，$H(\mathbf{x}')$ の値は，初期ノードから $\mathbf{x}'$ までたどり着くためのコストではなく，$\mathbf{x}'$ がどれくらい目標ノードに近づいているかを意味するので，$H(\mathbf{x}')$ の値は来る方向によって変わらないはずである。したがって，最良探索アルゴリズムにおいて，Open List に一旦入ったノードは，普通は更新する必要はない。しかし，$\mathbf{x}'$ にたどり着くためのコストを考慮しなければ，全体の探索コストを最小にすることはできないので，このアルゴリズムで得

表 2.6　探索アルゴリズム III（最良優先探索）

Step 1：	初期ノード x_0 とそれに対応するヒューリスティック関数値 $H(x_0)$ を Open List に加える。
Step 2：	Open List の先頭から一つのノードを取り出し，x とする。Open List が空であれば探索が失敗で終了する。ノード x が目標ノードであれば探索が成功で終了する。
Step 3：	ノード x を展開し，子ノードの集合を得る。x を Closed List に加える。
Step 4：	子ノードの集合から Closed List に含まれないもの x' に対して，そのヒューリスティック関数値を計算し，H とする。x' が Open List に入ってなければ，x へのポインタをつけ，$H(x')=H$, $\{x', H(x')\}$ を Open List に入れる；x' がすでに Open List に入っている場合，$H<H(x')$ であれば，x へのポインタを付け替え，H を $H(x')$ に代入する。Open List にあるノードをヒューリスティック関数値の上昇順でソートする。
Step 5：	Step 2 へ戻る。

られた経路は最適なものとは限らない。あくまで，最良探索アルゴリズムは探索時間を短縮するためのものである。

例題 2.6　最良優先探索に基づいて図 2.2 の迷路問題を解け。

[解答]　図 2.2 の迷路問題を，ヒューリスティック探索で解決するために，図 2.8 のように書き直す。各ノードの右上の数字は，そのノードから目標ノードまでの「予測距離」である。ここでは，ノードとノードの間の「距離」は一律に 1 であると仮定している。例えば，ノード $(0,1)$ のヒューリスティック関数値は，3 である。しかし，壁を考慮すると，実際の距離は 5 である。要は，ヒューリスティック関数値は正確なものではなく，予測値である。表 2.7 はヒューリスティック探索の様子

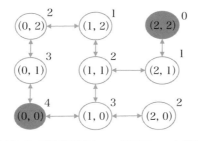

図 2.8　迷路問題のヒューリスティック探索

表2.7 図2.8の迷路問題の最良優先探索

ステップ	Open List	Closed List
0	{(0, 0), 4}	—
1	{(1, 0), 3} {(0, 1), 3}	(0, 0)
2	{(2, 0), 2} {(1, 1), 2} {(0, 1), 3}	(0, 0) (1, 0)
3	{(1, 1), 2} {(0, 1), 3}	(0, 0) (1, 0) (2, 0)
4	{(2, 1), 1} {(1, 2), 1} {(0, 1), 3}	(0, 0) (1, 0) (2, 0) (1, 1)
5	{(2, 2), 0} {(1, 2), 1} {(0, 1), 3}	(0, 0) (1, 0) (2, 0) (1, 1) (2, 1)
6	(2, 2)=目標ノード，終了	(0, 0) (1, 0) (2, 0) (1, 1) (2, 1)

を示す．探索に必要とされるコストは，明らかに均一コスト探索よりも低い． □

2.4.2 A*アルゴリズム

最良優先探索アルゴリズムは，出発ノードからのコストを無視しているので，本当の最短経路を得る保証はない．この問題を解決する方法として，**A*アルゴリズム**がある．A*アルゴリズムは1968年にハート (Hart)，ニルソン (Nilsson)，ラファエル (Raphael) によって提案された [5]．アルゴリズムの名前にあるAは，「許容的」の英文 admissible の頭文字である．A* は，許容的アルゴリズムの中で，最適解を保証するものである．

A*アルゴリズムにおいて，初期ノードから現在ノードまでのコスト $C(\mathbf{x})$ と，現在ノードから目標ノードまでのコストの推定値 $H(\mathbf{x})$ をともに考慮して，以下のようにノードの評価値を求める：

$$F(\mathbf{x}) = C(\mathbf{x}) + H(\mathbf{x}) \tag{2.1}$$

$H(\mathbf{x})$ は実際のコスト $H^*(\mathbf{x})$ 以下（楽観的予測）であれば，最適解を求めることができる [5]．ノード $\mathbf{x}$ から子ノード $\mathbf{x}'$ へ遷移した場合，$\mathbf{x}'$ の評価値は，以下のように求める：

$$F(\mathbf{x}') = C(\mathbf{x}) + d(\mathbf{x}, \mathbf{x}') + H(\mathbf{x}') = F(\mathbf{x}) + d(\mathbf{x}, \mathbf{x}') + [H(\mathbf{x}') - H(\mathbf{x})]$$

$$\tag{2.2}$$

表2.8 A*アルゴリズム

Step 1： 出発ノード $\mathbf{x}_0$ とその評価値 $F(\mathbf{x}_0)=H(\mathbf{x}_0)$ を Open List に加える。
Step 2： Open List の先頭のノードを取り出し, $\mathbf{x}$ とする。Open List が空であれば失敗で終了する。$\mathbf{x}$ が目標ノードであれば成功で終了する。
Step 3： ノード $\mathbf{x}$ を展開し, 子ノードの集合を得る。$\mathbf{x}$ を Closed List に加える。
Step 4： 子ノードの集合にある $\mathbf{x}'$ に対して, $F=H(\mathbf{x}')+C(\mathbf{x})+d(\mathbf{x},\mathbf{x}')$ を計算する。
- $\mathbf{x}'$ が Open List にも Closed List にも入ってなければ, $\mathbf{x}$ へのポインタをつけ, $F(\mathbf{x}')=F$, Open List に $\{\mathbf{x}', F(\mathbf{x}')\}$ を加える。
- $\mathbf{x}'$ が Open List に入っている場合, $F<F(\mathbf{x}')$ であれば, $\mathbf{x}$ へのポインタを付け替え, F を $F(\mathbf{x}')$ に代入する。
- $\mathbf{x}'$ が Closed List に入っている場合, $F<F(\mathbf{x}')$ であれば, $\mathbf{x}'$ を Closed List から Open List に移動し, $\mathbf{x}$ へのポインタを付け替え, F を $F(\mathbf{x}')$ に代入する。

Open List を評価値が昇順になるようにソートする。
Step 5： Step 2 へ。

A*アルゴリズムは, 表2.8で示される。基本構成は最良優先アルゴリズムと同じであるが, 微妙な差があるので, 使用する際に気をつける必要がある。

例題2.7 迷路問題の最短経路を A*アルゴリズムで探索せよ。

[解答] 図2.7 と図2.8 の両方を参考にして, A*アルゴリズム探索を行う。表2.9 は探索の様子を示す。この例に対しては, 探索に必要とされるステップ数は均一コスト探索と同じであるが, 一般には A*アルゴリズムの方が $C(\mathbf{x})$ と $H(\mathbf{x})$ の両方を考慮するので, より有効である。

□

A*アルゴリズムは, 初期ノードから $\mathbf{x}$ までのコスト $C(\mathbf{x})$ と $\mathbf{x}$ から目標ノードまでの予測コスト $H(\mathbf{x})$ を共に考慮するので, 最適解を求めることができる。ただし, 最適解を求めるために, $H(\mathbf{x})$ は実際の最適値 $H^*(\mathbf{x})$ より大きくないという条件がある [5]。この条件を満たさないアルゴリズムは A アルゴリズムと呼ばれる。A アルゴリズムは, 最適解を得る保証はない。また, 解決する問題が同じでも, $H(\mathbf{x})$ の選び方によって異なる A*アルゴリズムが得られる。2つの A*アルゴリズム A_1 と A_2 があるとして, すべてのノード $\mathbf{x}$ に対して, $H_1(\mathbf{x})>H_2(\mathbf{x})$ が成立すれば, A_1 はより効率的である。すなわち, $H(\mathbf{x})$ が実際の

表2.9 A*アルゴリズムによる迷路問題の解決

ステップ	Open List	Closed List
0	$\{(0,0),4\}$	—
1	$\{(0,1),5\}$ $\{(1,0),8\}$	$\{(0,0),4\}$
2	$\{(0,2),6\}$ $\{(1,0),8\}$	$\{(0,0),4\}$ $\{(0,1),5\}$
3	$\{(1,2),6\}$ $\{(1,0),8\}$	$\{(0,0),4\}$ $\{(0,1),5\}$ $\{(0,2),6\}$
4	$\{(1,0),8\}$ $\{(1,1),8\}$	$\{(0,0),4\}$ $\{(0,1),5\}$ $\{(0,2),6\}$ $\{(1,2),6\}$
5	$\{(1,1),8\}$ $\{(2,0),8\}$	$\{(0,0),4\}$ $\{(0,1),5\}$ $\{(0,2),6\}$ $\{(1,2),6\}$ $\{(1,0),8\}$
6	$\{(2,0),8\}$ $\{(2,1),10\}$	$\{(0,0),4\}$ $\{(0,1),5\}$ $\{(0,2),6\}$ $\{(1,2),6\}$ $\{(1,0),8\}$ $\{(1,1),8\}$
7	$\{(2,1),10\}$	$\{(0,0),4\}$ $\{(0,1),5\}$ $\{(0,2),6\}$ $\{(1,2),6\}$ $\{(1,0),8\}$ $\{(1,1),8\}$ $\{(2,0),8\}$
8	$\{(2,2),10\}$	$\{(0,0),4\}$ $\{(0,1),5\}$ $\{(0,2),6\}$ $\{(1,2),6\}$ $\{(1,0),8\}$ $\{(1,1),8\}$ $\{(2,0),8\}$ $\{(2,1),10\}$
9	$(2,2)$=目標ノード，探索終了	$\{(0,0),4\}$ $\{(0,1),5\}$ $\{(0,2),6\}$ $\{(1,2),6\}$ $\{(1,0),8\}$ $\{(1,1),8\}$ $\{(2,0),8\}$ $\{(2,1),10\}$

$H^*(\mathbf{x})$ に近ければ近いほど，アルゴリズムが有効である．$H(\mathbf{x})=H^*(\mathbf{x})$ の場合，解は自明となる．この場合，行くべき道がすべてわかっているので，最初から解く必要がない．$H(\mathbf{x})=0$ の場合，A*アルゴリズムは均一コスト探索となる．

通常，ノード $\mathbf{x}$ から目標ノードまでのコスト $H(\mathbf{x})$ は事前にわからないので，探索しながら推測する必要がある．しかし，目標状態が事前にわかる場合，$H(\mathbf{x})$ が状態ベクトル間の距離で推定できる．迷路問題の場合，$H(\mathbf{x})$ は，$\mathbf{x}$ に対応する位置から目標地点までの「マンハッタン距離」で定義できる．例えば，$(0,0)$ の推定コストは4となる．ハノイの塔問題の場合，$H(\mathbf{x})$ は $\mathbf{x}$ に対応する状態と目標状態 $(000;123;000)$ の間の「ハミング距離」で定義できる．ハミング距離は，状態ベクトルの要素ごとに比較し，一致すれば0, 一致しなければ1を足すことによって求められる．このように推定すると，初期状態 $(123;000;000)$ のコストは6である．8パズル問題の場合も，$H(\mathbf{x})$ をハミング距離で推定できる．すなわち，$\mathbf{x}$ の推定コストは，$\mathbf{x}$ に対応する状態と目標状態の位置が異な

るタイル数で定義できる。

演習問題 2.4 図 2.7 の探索グラフのノード $(0,1)$ と $(1,1)$ の間に，コストが 1 であるエッジを追加した場合，初期ノードから目標ノードまでの最短経路を A* アルゴリズムで探索せよ。探索過程を表 2.9 と同じようにまとめよ。ただし，各ノードのヒューリスティック値は図 2.8 に示されている。

2.5 探索問題の一般化

以上でグラフに基づく探索方法を紹介したが，一般に探索は探索空間 D（Domain の頭文字）から所望の状態ベクトル $\mathbf{x}^*$ を探し出す過程であると定義できる。ここで，D はすべての状態ベクトルの集合である。「所望」の度合いは，通常，ある関数 $f(\mathbf{x})$ の値で評価される。探索は以下のように定式化できる：

$$\min f(\mathbf{x}), \quad \text{for all } \mathbf{x} \in D \tag{2.3}$$

通常，$f(\mathbf{x})$ は**目的関数**（objective function）と呼ばれる。探索は，$\forall \mathbf{x} \in D$ $f(\mathbf{x}) \geq f(\mathbf{x}^*)$ を満たす $\mathbf{x}^*$ を求める**最適化問題**（optimization problem）である。ここで，記号 $\forall$ は「任意の」ということを意味する。$f(\mathbf{x})$ の最大化問題は，$-f(\mathbf{x})$ の最小化問題に帰着できるので，ここでは最小化問題だけを考えることにする。これまでにわれわれは，目標状態 $\mathbf{x}_t$ が与えられ，それと同じものを探索することを考えた。この場合，評価関数 $f(\mathbf{x})$ は $\mathbf{x}$ と $\mathbf{x}_t$ の間の「距離」（例えばユークリッド距離）で定義できる。

さまざまな実問題において，最適解を求める計算コストは非常に高くなるかもしれないので，探索の目的は最適解を見つけることではなく，ほどほどで良いものを見つけることとする場合が多い。このような場合でも，$f(\mathbf{x})$ が探索の目処（めど）であり，その最適値にできるだけ近づけることが重要である。したがって，本書においてわれわれは探索と最適化を区別せずに，同義語として使う。同じ理由で，問題の可能解と探索の状態も同じ意味で使われる。応用分野によっては，$f(\mathbf{x})$ は**コスト関数**（cost function），**誤差関数**（error function），**効用関数**（utility function）などと呼ばれる。

一般に，状態ベクトル $\mathbf{x}$ の各要素は必ずしも数値とは限らない。例えば，インターネットを利用して情報検索を行う際に，文章，画像，音声なども状態ベクト

ルとして利用することができる．しかし，コンピュータの中であらゆる情報が「数値」で表現できるので，以下の議論においてわれわれは $\mathbf{x}$ が n 次元の数ベクトルであると仮定する．また，目的関数 $f(\mathbf{x})$ の値域は，一般に多次元であっても良いが，本書では1次元に限定して議論を進めたい．$f(\mathbf{x})$ の値域が多次元である問題は「**多目的最適化**」(multiple objective optimization) と言う．多目的最適化の内容は本書の範囲を超えているので，ここでは割愛する．

数理計画の分野において，D が n 次元のユークリッド空間 R^n である場合，(2.3) の問題は**制約なし最適化** (unconstrained optimization) という．通常，D は R^n の部分集合である．このとき，探索は以下のような**制約つき最適化** (constrained optimization) 問題に定式化される：

$$\begin{cases} \min f(\mathbf{x}) & (2.4a) \\ s.t. \ \mathbf{x} \in D & (2.4b) \end{cases}$$

ここで，(2.4b) は**制約条件**であり，$s.t.$ は subject to の略である．集合 D は実行可能領域，それに属す元 $\mathbf{x}$ は**実行可能解** (feasible solution) と呼ばれる．一般に，D は以下のように定義される：

$$D = \{\mathbf{x} | g_i(\mathbf{x}) \leq 0, \quad i = 1, 2, \cdots n_c\} \quad (2.5)$$

ただし，n_c は制約条件の数である．例えば，多くの実問題において，$\mathbf{x}$ の各要素は正の数しか取らない．このとき，制約条件を $x_i \geq 0 (i=1,2,\cdots,n)$ で定義できる．また，例えば予算の関係で，$\mathbf{x}$ の要素の総和がある定数 b にしたい場合，制約条件を $g(\mathbf{x}) = b - (x_1 + x_2 + \cdots + x_n) = 0$ と定義することができる．

目的関数 $f(\mathbf{x})$ も，制約関数 $g_i(\mathbf{x})$ もすべて一次（線形）関数である場合，(2.4) は線形問題であると言う．このような問題は，線形計画法 (linear programming) のシンプレックス法で効率よく解ける．目的関数 $f(\mathbf{x})$ が二次形式で，制約関数 $g_i(\mathbf{x})$ が一次関数であるとき，(2.4) は二次最適化 (quadratic optimization) 問題であると言う．多くの実問題は，線形あるいは二次問題で定式化さえすれば，効率的に解決できる．

探索が難しくなる要因の一つは，局所的最適解に陥る問題である．$\exists \varepsilon \in R$，$\varepsilon > 0$（ある正の実数 ε）に対して，次式を満たす $\mathbf{x}^*$ は $f(\mathbf{x})$ の**局所的最適解**と定義される（ここで，記号 $\exists$ は，「存在する」ことを意味する）：

$$\forall \mathbf{x} \in D \ if \ \|\mathbf{x} - \mathbf{x}^*\| \leq \varepsilon \ then \ f(\mathbf{x}) \geq f(\mathbf{x}^*) \quad (2.6)$$

ただし，‖ ‖はユークリッドノルムである。‖**x**−**x***‖≤ε を満たす **x** の集合は，**x*** の ε-近傍と言い，$N_\varepsilon(\mathbf{x}^*)$ と記述する。ここで，**x*** は $N_\varepsilon(\mathbf{x}^*)$ にあるすべての **x** より悪くなければ，**x*** は局所的最適解である。これに対して，$\forall \varepsilon \in R\ \varepsilon > 0$（任意の正の実数 ε）に対して，**x*** が（2.6）を満たす場合，**x*** は**大局的最適解**である。一般に，$f(\mathbf{x})$ あるいは $g_i(\mathbf{x})$ が非線形である場合，(2.4) の問題にはたくさんの局所的最適解が存在する。このような場合，いかに効率的に大局的最適解を求めることができるかが重要である。

大局的最適解を得るために，さまざまなアプローチが提案されている。数理計画法の分野で良く知られているのが凸解析である。簡単に言えば，目的関数 $f(\mathbf{x})$ が凸関数であれば，大局的最適解が求めやすくなる。$f(\mathbf{x})$ は以下の条件を満たすときに**凸関数**であると言う：

$$\forall \mathbf{x}_1, \mathbf{x}_2 \in D,\quad \forall \lambda \in [0,1],\quad f(\lambda \mathbf{x}_1 + (1-\lambda)\mathbf{x}_2) \leq \lambda f(\mathbf{x}_1) + (1-\lambda) f(\mathbf{x}_2) \quad (2.7)$$

上の不等式の左辺は，D にある2点 $\mathbf{x}_1$ と $\mathbf{x}_2$ を結ぶ線分上の任意の点における関数値である。不等式の右辺は，左辺の関数値を $f(\mathbf{x}_1)$ と $f(\mathbf{x}_2)$ で線形補間に基づく近似である。すなわち，凸関数の任意の点における関数値は，その線形補間よりも小さいという性質がある。図 2.9 は，1 次元の場合の凸関数の例である。

図 2.9 からもわかるように，$f(\mathbf{x})$ が凸関数であれば，その最適解は1つしかないので，解を見つければそれが必ず大局的最適解である。制約つき最適化問題の場合，大局的最適解を保証するために，さらに D が「**凸集合**」であることを仮定する必要がある。集合 D の2点を結ぶ線分上の点もまた D に含まれるとき D は凸集合である。図 2.10 は凸集合の例を示す。D が凸集合である場合，大局的最適解は D の中にあるか，D の境界のところにある。

図 2.9　凸関数の例

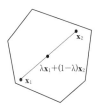

図 2.10　凸集合の例

例題2.8 以下の最適解問題がある：

$$\min f(\mathbf{x}) = x_1^2 + x_2^2$$

$$\text{s.t.} \begin{cases} g_1(\mathbf{x}) = x_1 + x_2 - 3 \leq 0 \\ g_2(\mathbf{x}) = -x_1 - x_2 + 1 \leq 0 \\ g_3(\mathbf{x}) = -x_1 \leq 0 \\ g_4(\mathbf{x}) = -x_2 \leq 0 \end{cases} \quad or \quad \begin{cases} x_2 \leq -x_1 + 3 \\ x_2 \geq -x_1 + 1 \\ x_1 \geq 0 \\ x_2 \geq 0 \end{cases}$$

この問題の大局的最適解の位置を図で示せ。

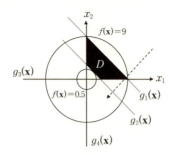

図2.11 例題2.8の図解

[解答] 図2.11はこの問題の解を図で示したものである。図中の2つの円は，目的関数 $f(\mathbf{x})$ が異なる値を取るときを示す。黒く塗りつぶした部分は実行可能解の集合 D である。目的関数 $f(\mathbf{x})$ の最小値は0であるが，対応する解 $(0,0)$ は D の中にはないので，実行可能解ではない。図の中で，小さい円と $g_2(\mathbf{x})$ との接点 $(0.5, 0.5)$ は実行可能な最適解である。そのときの最適値は $0.5^2 + 0.5^2 = 0.5$ である。 □

演習問題 2.5 例題2.8と同じ目的関数と制約条件を有する「最大化」問題を考える。図2.11を利用して，問題の最適解を求めよ。また，求めた最適解が大局的最適である理由を説明せよ。

以上の例において，最適解の場所は，目的関数や制約関数の図を見ればわかる。しかし，探索空間が多次元である場合，目視で最適解を決めることはできない。一般に，目的関数 $f(\mathbf{x})$ の一階偏微分が存在すれば，(2.3)の最適解は

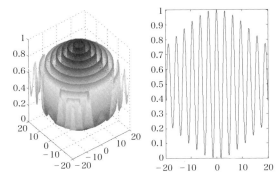

図 2.12 Schaffer の関数 F6（左図）とその $x_2=0$ のときの切片（右図）

$$\partial f(\mathbf{x})/\partial x_i = 0, \quad i = 1, 2, \cdots, n \tag{2.8}$$

を満たす．すなわち，目的関数の一階偏微分（勾配）は最適解に関する重要な情報を有する．実際，(2.8) は n 個の方程式からなる連立方程式であり，それを解けば，最適解を求めることができる．しかし，連立方程式が非線形である場合，それを直接に解くことは非常に難しい．また，制約がある場合，(2.8) を満たす $\mathbf{x}$ がそもそも D の中に存在しないかもしれない．このような場合，微分情報をヒューリスティックとして利用し，最適解を反復的に探索する方法が良く使用される．例えば，図 2.11 において，矢印の方向は目的関数の勾配の反対方向である．この方向に向かって探索状態を修正していけば，目的関数値が徐々に小さくなる．探索状態が D から離れる瞬間，その直近の状態は最適解の近似解となる．反復アルゴリズムの例として，最急降下法が良く知られている．それについては第 8 章で詳しく説明する．

以上の議論でわかるように，探索問題を凸最適化問題に定式化すれば，大局的最適解を求めることがさほど難しい問題ではない．しかし，多くの実問題は，凸問題には帰着できない．その原因はさまざまである．例えば，目的関数が以下のように与えられたとする：

$$f(\mathbf{x}) = 0.5 - \frac{(\sin\sqrt{x_1^2+x_2^2})^2 - 0.5}{(1.0+0.001(x_1^2+x_2^2))^2} \tag{2.9}$$

これは Schaffer の F6 関数として知れられている [6]．図 2.12 は F6 と x_2 を 0 に固定したときの切片を示す．この関数は，無数の局所的最適解を有するが，従来の数理計画法を使う場合は，初期状態から最も近い局所的最適解しか得られな

い。一方，多くの実応用において，制約関数が非線形であり，対応する実行可能解の集合Dは凸とは限らない。このような場合，仮に$f(\mathbf{x})$が凸関数であっても，局所的最適解はたくさんあるいは無数にあるかもしれない。

探索空間が実数ではなく，整数のような離散空間である場合，問題がさらに難しくなる。このような問題は，組み合わせ最適化問題であると言う。組み合わせ最適化問題を解くために，整数計画法などが提案されているが，大局的最適解を求めるためには，通常膨大な計算量が必要とされる。計算量が膨大とは，通常，問題のサイズ（例えば，状態変数の数）をnとしたときに，計算量がnの指数関数$a^n (a>1)$に比例するか，それよりも大きいことを意味する。計算量理論の中で，この種の問題をNP問題（nondeterministic polynomial problem），すなわち，統計的多項式問題であると言う。計算量がn^2，n^3などのように多項式で表せる場合は，多項式（P: polynomial）問題と言う。NP問題は，非常に難しいので，実用的立場で言えば，計算不可能である。したがって，組み合わせ問題の最適解を得ることは基本的に不可能であり，できるだけ最適解に近い「準最適解」（sub-optimal solution）を得ることが重要である。

局所的最適解がたくさん存在する場合，その原因はともかく，局所的最適解を回避しながら大局的最適解を効率よく探索する必要がある。実際，局所的最適解を回避する戦略もヒューリスティックである。このヒューリスティックは，探索全体の流れを制御するものであるため，局所的最適解を速く求めるヒューリスティック（例えば，最良優先戦略）より，一つ上のレベルにある。したがって，局所的最適解を回避する戦略はメタヒューリスティック（MH: meta-heuristics）と呼ばれる。デジタル写真を保存するときに，元のデータ（写真）を説明するためのデータ（時間，場所，フォーマットなど）はメターデータと言う。同じように，局所的ヒューリスティックを制御するヒューリスティックは，メタヒューリスティックである。

一般に，さまざまなヒューリスティックをさまざまな形で組み合わせて利用することができる。このような探索アルゴリズムは，ハイパーヒューリスティック（HH: hyper-heuristic）と呼ばれる。メタヒューリスティック（MH）とHHのようなアルゴリズムは，人間や大自然の知恵を多く利用しているので，本書ではこれらを**知的探索アルゴリズム**と呼ぶことにする。通常，MHもHHも，われわれ人間が何らかの方法で発見したヒューリスティックを利用する。人間にも知られていないヒューリスティックを，探索アルゴリズム自身が探索しながら，元の探

索問題を効率良く解決していくアルゴリズムもある．このようなアルゴリズムは memetic algorithm（MA）と呼ばれる．紙面の関係で，本書では MA を紹介しないが，興味のある読者は文献を参照されたい [7]．

　知的探索アルゴリズムを大きく分類すると，単点探索方法と多点探索方法がある．前者は，探索空間の一つの状態からスタートし，その状態の近傍情報をもとに，次々と状態を遷移して所望の状態を見つける方法である．後者は，ある状態の集合からスタートして，その集合にあるすべての状態の近傍情報を「総合的に」利用して，状態集合を更新して所望の状態を見つける方法である．単点探索の例として，タブー探索と焼きなまし探索などがあり，多点探索の例として，遺伝的アルゴリズム，群粒子最適化，アリコロニー最適化などがある．これらの方法は人工知能の基礎というより，多少高度なものなので，詳しい紹介は第 8 章にゆずる．

2.6　おわりに

　本章では，まず解決すべき問題を探索問題に帰着するための基本的考え方を紹介した．具体的にいえば，問題の可能解を状態ベクトル，解空間を状態空間に形式化すれば，任意の問題が状態空間における探索問題に帰着できる [8]．AI 関連の問題の多くは，探索空間が離散的になるので，探索グラフを利用することができる．探索グラフは，通常，規模が大きいので，問題を解決する前に与えずに，ノードを展開しながら探索していくことが推奨される．確実に解を得るために，アルゴリズム I を紹介した．また，最短経路を求めるために，均一コスト探索法（アルゴリズム II）を紹介した．更に，最短経路を求めるコストを減らすために，最良優先探索法（アルゴリズム III）と A* アルゴリズムを紹介した．

　この章で紹介したアルゴリズムを用いれば，さまざまな問題を解決することができる．しかし，与えられた問題に対して，その性質を考慮せずに，一般的探索方法で解決しようとすると，計算コストが非常に高くなる恐れがある．例えば，ハノイの塔問題の場合，再帰的方法を使えば，より効率的に解決することができる．探索グラフを利用する場合，無駄な操作もあるので，必ずしも効率的ではない．また，アルゴリズム III と A* アルゴリズムに利用されるヒューリスティックは，任意のノードから目標ノードまでのコストであるが，探索をより効率的にするためには，他にも数多くのヒューリスティックが利用できる．例えば，経験

から見れば，ある状態から目標状態へ行けないことがわかっていれば，状態遷移の際に，その状態に対応するノードを Open List に入れる必要はない．このような状態は，実際の問題において数多く存在し，それらを省けば，探索効率を大幅に向上することができる．一般に，問題解決は (2.3) あるいは (2.4) のように定式化できる．問題が複雑になると，本章で紹介したアルゴリズムだけで不十分である．問題をより効率的かつ効果的に解決するためには，さまざまな知的探索アルゴリズムが提案されている．それらのアルゴリズムについては，第8章で詳しく紹介する．

第 2 章の参考文献

[1] T. コルメン，C. ライザーソン，R. リベスト，C. シュタイン，アルゴリズムイントロダクション，第 3 版，日本語訳，近代科学社，2012．
[2] E. W. Dijkstra, "A Note on Two Problems in Connexion with Graphs," *Numerische Mathematik*, Vol. 1, pp. 269-271, 1959.
[3] M. L. Fredman and R. E. Tarjan, "Fibonacci Heaps and Their Uses in Improved Network Optimization Algorithms," IEEE 25th Annual Symposium on Foundations of Computer Science, pp. 338-346, 1984.
[4] S. J. Russell, and P. Norvig, *Artificial Intelligence: A Modern Approach*, Section 4.1, New Jersey, Prentice Hall, 1995.
[5] P. E. Hart, N. J. Nilsson, and B. Raphael, "A Formal Basis for the Heuristic Determination of Minimal Cost Paths," *IEEE Transactions on Systems Science and Cybernetics*, Vol. 4, No. 2, pp. 100-107, 1968.
[6] L. Davis, *Handbook of Genetic Algorithms*, International Thomson Computer Press, 1996.
[7] Q. F. Zhao and Y. Liu, "Memetic Algorithms," Chapter 17, *Handbook on Computational Intelligence*, Edited by Plamen Angelov, World Scientific, 2016.
[8] A. Newell, J. C. Shaw, H. A. Simon, "Report on a General Problem-Solving Program," Proceedings of the International Conference on Information Processing, pp. 256-264, 1959.

3 論理と推論

論理は，AIの基礎である。論理とは，知識や問題を記号と論理式で表現し，理路整然の推論を行うことによって問題を解決する方法である。この方法は，コンピュータに基づく問題解決に相応しいので，最も早くAIの研究に導入されている。見た目で異なる問題が，それらを記号や式で表現すれば，理論的に同じ問題となり，同じ手順で解決することができる。本章は，知識や問題を記号と式で表現する方法と，その記号と式をもとに正しく推論する方法を紹介する。これらの方法を利用することによって知的システムを「形式的」に設計することが可能となる。

3.1 命題論理

命題論理（propositional logic）は，伝統的推論の基礎である。命題論理は，事物や現象に関する「記述」を命題とし，その記述が真（true）なのか偽（false）なのかを判断するための正しい推論方法を提供する。

3.1.1 論理式の定義

命題論理において，最小単位となる命題は**基本命題**（primitive proposition）と言う。基本命題からある規則で構成された命題を**複合命題**（compound proposition）と言う。基本命題を記号で表すと，**素式**（atomic formula）となる。素式から**論理式**（logical formula）を構成することができる。表3.1には，いくつかの例を示す。

一般に，論理式は，以下のように定義される：

(1) 素式は論理式である。
(2) P が論理式ならば，$\neg P$ も論理式である。
(3) P, Q が論理式ならば，$P \wedge Q$，$P \vee Q$，$P \Rightarrow Q$，$P \Leftrightarrow Q$ は論理式である。

表3.1 命題と論理式の例

命題	論理式
大祐は日本人です （基本命題）	P_1 （素式）
千恵子は日本人です （基本命題）	P_2 （素式）
大祐と千恵子は夫婦です （基本命題）	P_3 （素式）
まことは千恵子の子です （基本命題）	P_4 （素式）
千恵子は日本人で，まことは千恵子の子であれば，まことは日本人です （複合命題）	$P_2 \land P_4 \Rightarrow P_5$
大祐と千恵子は夫婦で，まことは千恵子の子であれば，まことは大祐の子です （複合命題）	$P_3 \land P_4 \Rightarrow P_6$

表3.2 論理記号の意味と優先順位

論理記号	名称	意味	順位
$\neg$	否定 (negation)	でない	1
$\land$	連言，論理積 (conjunction, AND)	かつ	2
$\lor$	選言，論理和 (disjunction, OR)	または	3
$\Rightarrow$	含意 (implication)	ならば	4
$\Leftrightarrow$	同値 (equivalence)	のときかつそのときのみ	5

(4) 以上 (1), (2), (3) より論理式とわかるものだけが論理式である。

以上の定義に従って構成された論理式を**整式**（wff: well-formed formula）と言う。定義に使われている**論理記号**（logical symbol）は，算術演算と同様，優先順位がある（表3.2）。優先順位が良くわからない場合，$(P \land Q) \lor (\neg P \land \neg Q)$ のように，括弧を使うことができる。

3.1.2 論理式の解釈

命題論理において，命題の具体的内容よりも，命題の真偽と命題間の論理的関

表3.3 $P \wedge Q \Rightarrow R$ の真理値表

P	Q	R	$P \wedge Q \Rightarrow R$
T	T	T	T
T	T	F	F
T	F	T	T
T	F	F	T
F	T	T	T
F	T	F	T
F	F	T	T
F	F	F	T

係が重要である．素式で表現される基本命題の真偽に基づき，論理式で表現されるある命題の真偽を判断することができる．この判断は，論理式の一つの解釈（interpretation）と言う．例えば，$P \wedge Q$ に関して，素式 P と Q が共に真（観測事実）のとき，論理式も真と判断できる．

素式のすべての可能性に対して，論理式の解釈を示すために，**真理値表**（truth table）が良く使われる．例えば，$P \wedge Q \Rightarrow R$ のすべての解釈は，表3.3に示される．ここで，T と F はそれぞれ true と false の略である．また，3つの素式があるので，真理値表は $2^3 = 8$ 行で構成される．

一般に，素式の数が多くなると，真理値表の行数は非常に大きくなり，それで論理式を解釈すると非効率的になる．この問題を解決する方法は推論である．すなわち，論理式のままで，観測事実から式の真偽を判断することができれば，より効率的になる可能性がある．

|演習問題 3.1| 論理式 $P \wedge Q \Rightarrow R$ のすべての解釈は，表3.3に示されている．これと同じように，$P \vee Q$（論理和）と $P \wedge Q$（論理積）のすべての解釈を真理値表で示せ．

3.1.3 命題論理の法則

命題論理について，以下の法則が知られている．

1) **同値と含意**：
   $P \Leftrightarrow Q = (P \Rightarrow Q) \wedge (Q \Rightarrow P)$
2) **含意**：
   $P \Rightarrow Q = \neg P \vee Q$
3) **べき等律**（idempotent laws）：
   $P \wedge P = P, \quad P \vee P = P$
4) **結合律**（associative laws）：
   $(P \wedge Q) \wedge R = P \wedge (Q \wedge R), \quad (P \vee Q) \vee R = P \vee (Q \vee R)$
5) **交換律**（commutative laws）：
   $P \wedge Q = Q \wedge P, \quad P \vee Q = Q \vee P$
6) **分配律**（distributive laws）：
   $P \wedge (Q \vee R) = (P \wedge Q) \vee (P \wedge R), \quad P \vee (Q \wedge R) = (P \vee Q) \wedge (P \vee R)$
7) **吸収律**（absorption laws）：
   $P \wedge T = P, \quad P \wedge F = F, \quad P \vee T = T, \quad P \vee F = P$
8) **補元律**（complement laws）：
   $P \wedge \neg P = F, \quad P \vee \neg P = T$
9) **二重否定の法則**（involution law）：
   $\neg(\neg P) = P$
10) **ド・モルガンの法則**（De Morgan's laws）：
    $\neg(P \wedge Q) = \neg P \vee \neg Q, \quad \neg(P \vee Q) = \neg P \wedge \neg Q$

3.1.4 論理式の種類

　論理式は，**恒真**（tautology），**恒偽**（contradiction），**充足可能**（satisfiable）に分類することができる．素式の真偽にかかわらず，常に真となる論理式は恒真式であり，「**妥当**」（valid）であると言う．逆に，素式の真偽にかかわらず常に偽となる論理式は恒偽式であり，恒偽式は，「**充足不能**」（unsatisfiable）と言う．論理式を真にする解釈が少なくとも一つ存在すれば，論理式は「**充足可能**」である．通常の論理式は充足可能なものが多いが，知識となる論理式は必ず恒真か恒偽である．知識と観測事実をもとに，論理式を充足できるかどうかを判断する過程は推論である．

例題3.1 論理式 $((P \Rightarrow Q) \wedge P) \Rightarrow Q$ と $P \wedge \neg(\neg P \Rightarrow Q)$ が妥当か，充足不能か，

表 3.4 恒真と恒偽式の例

P Q	$((P \Rightarrow Q) \wedge P) \Rightarrow Q$	$P \wedge \neg (\neg P \Rightarrow Q)$
T T	T	F
T F	T	F
F T	T	F
F F	T	F

充足可能かを証明せよ。

[解答] このような問題を解くために，最も簡単な（コストは高いかもしれないが）方法は真理値表を用いる方法である。表 3.4 には，解答例を示す。論理式 $((P \Rightarrow Q) \wedge P) \Rightarrow Q$ はすべての P と Q の値に対して，真となるので，妥当である。式 $P \wedge \neg (\neg P \Rightarrow Q)$ はすべての P と Q の値に対して，偽となるので，充足不可能である。 □

実際，後で説明するが，論理規則の肯定式によれば，P と $P \Rightarrow Q$ が同時に真のとき，Q が常に真であるため，$((P \Rightarrow Q) \wedge P) \Rightarrow Q$ は常に真となる。また，

$$\neg(\neg P \Rightarrow Q) = \neg(\neg\neg P \vee Q) = \neg P \wedge \neg Q$$

から，

$$P \wedge \neg(\neg P \Rightarrow Q) = P \wedge \neg P \wedge \neg Q = F \wedge \neg Q = F$$

が得られる。したがって，命題論理の法則を利用すれば，大きい真理値表を使わず，より効率的に論理式の妥当性を証明することができる。

演習問題 3.2 命題論理の法則を利用して，論理式 $(P \Rightarrow Q \wedge \neg Q) \Rightarrow \neg P$ が恒真式であることを証明せよ。

3.1.5 論理式の標準形

命題論理の法則を利用して，任意の論理式を「標準形」に直すことができる。標準形を利用することによって論理式の妥当性を形式的に証明することができ

る。形式証明に良く使用される標準形は「**連言標準形**」（conjunctive normal form）であり，論理式の「**節形式**」（clausal normal form）として知られている。節形式は，以下のように定義される。

節形式の定義

　素式または素式の否定形を**リテラル**（literal）といい，リテラルの選言からなる論理式を**節**（clause）と言う。任意の論理式は以下の節形式に直せる：

$$C_1 \wedge C_2 \wedge \cdots \tag{3.1}$$

ここで，C_i は i 番目の節で，以下の形で与える：

$$C_i = P_{i1} \vee P_{i2} \vee \cdots \tag{3.2}$$

ただし，P_{ij} は i 番目の節の j 番目のリテラルである。

任意の論理式は，以下の手順で節形式に標準化することができる：

1) 同値記号，含意記号を除去する：
   $P \Leftrightarrow Q = (P \Rightarrow Q) \wedge (Q \Rightarrow P)$
   $P \Rightarrow Q = \neg P \vee Q$

2) 二重否定の法則とド・モルガンの法則を利用して，否定記号を素式の直前にもってくる：
   $\neg(\neg P) = P$
   $\neg(P \wedge Q) = \neg P \vee \neg Q$
   $\neg(P \vee Q) = \neg P \wedge \neg Q$

3) 分配律を適用する：
   $P \vee (Q \wedge R) = (P \vee Q) \wedge (P \vee R)$

例題 3.2 論理式 $\neg P \Rightarrow ((Q \Rightarrow \neg R) \wedge \neg(R \Rightarrow \neg Q))$ の節形式を求めよ。

[解答]　　$\neg P \Rightarrow ((Q \Rightarrow \neg R) \wedge \neg (R \Rightarrow \neg Q))$
$= P \vee ((\neg Q \vee \neg R) \wedge \neg (\neg R \vee \neg Q))$
$= P \vee ((\neg Q \vee \neg R) \wedge (R \wedge Q))$
$= (P \vee (\neg Q \vee \neg R)) \wedge (P \vee (R \wedge Q))$
$= (P \vee \neg Q \vee \neg R) \wedge ((P \vee R) \wedge (P \vee Q))$
$= (P \vee \neg Q \vee \neg R) \wedge (P \vee R) \wedge (P \vee Q)$　　□

3.1.6　命題論理における形式的推論

「**形式的推論**」(formal inference) とは，命題の具体的内容を無視し，記号的に，機械的に推論を行うことである．推論を形式的にできるようにすれば，コンピュータが人間の代わりに高速かつ高精度に推論することができる．推論は，一般理論をもとに，特別事例の性質を調べる**演繹的推論**（deductive inference）と，多数の事例から一般理論を発見する**帰納的推論**（inductive inference）がある．ここでまず演繹的推論を考える．帰納的推論については，機械学習に関連する章節で紹介したい．

推論とは，前提 (premise) から結論 (conclusion) を導くことである．形式的推論において，前提は論理式の集合で与え，また，結論も一般的に論理式である．推論過程は，以下のように表すことができる：

$$\text{（前提）}\quad P_1, P_2, \cdots, P_n \Rightarrow Q \quad \text{（結論）} \tag{3.3}$$

この表現の中で，前提は，論理式 $P_1, P_2, \cdots, P_n$ の連言とも解釈できる．それぞれの論理式をさらに節形式に直せば，前提は節形式の論理式となる．したがって，前提は，論理式として考えても良いし，リテラルの選言から構成される節の集合として考えてもよい．実際，後者は自動推論の基本であり，次節で詳しく説明する．

推論は，推論規則に従って行う．良く知られている推論規則は，表3.5に示さ

表3.5　推論規則

肯定式 (modus ponens)	否定式 (modus tollens)	三段論法 (syllogism)
$P \Rightarrow Q, P$ $\mapsto Q$	$P \Rightarrow Q, \neg Q$ $\mapsto \neg P$	$P \Rightarrow Q, Q \Rightarrow R$ $\mapsto P \Rightarrow R$

れている。例えば，肯定式を使う場合，前提の $P \Rightarrow Q$ と P が真ならば，Q も真であるとの結論が得られる。否定式を使う場合，$P \Rightarrow Q$ と $\neg Q$ が真ならば，P が偽であるとの結論が得られる。なぜなら，仮に P が真であれば，$P \Rightarrow Q$ が真なので，Q も真である。これは $\neg Q$ が真である前提と矛盾する。三段論法も同じように解釈できる。

正しい推論結果を得るために，推論が健全である必要がある。前提となるすべての論理式 $P_1, P_2, \cdots, P_n$ を真とするような任意の解釈において，結論 Q もまた真となるとき，Q は $P_1, P_2, \cdots, P_n$ の**論理的帰結**（logical consequence）と言う。このとき，$\{P_1, P_2, \cdots, P_n\}$ から Q を導き出す推論は健全であると言う。**推論の健全性**（soundness of inference）について，以下の定理が重要である。

推論の健全性定理：次の論理式

$$(P_1, P_2, \cdots, P_n) \Rightarrow Q \tag{3.4}$$

が**演繹的妥当**（deductively valid）であれば，そしてそのときに限って，Q は $P_1, P_2, \cdots, P_n$ からの論理的帰結である。

表3.3の最後の列からわかるように，式 (3.4) の解釈には，F となることもありうるので，この式は一般に妥当ではない。しかし，$\Rightarrow$ の左辺が真のときに右辺も必ず真であれば，式 (3.4) は妥当である。この場合，表3.3の2行目の解釈は事実上ありえないと考えられる。この議論自体は上の定理をほぼ証明しているが，定理の厳密的証明はここでは省略する（興味のある読者は文献 [1] を参照のこと）。

例題3.3 三段論法が健全であることを示せ。

[解答]　問題の趣旨は，$P \Rightarrow R$ が $\{P \Rightarrow Q, Q \Rightarrow R\}$ からの論理的帰結であることを証明することである。推論の健全性定理によれば，論理式 $(P \Rightarrow Q \land Q \Rightarrow R) \Rightarrow (P \Rightarrow R)$ が妥当（恒真）であることを証明すればよい。これは，以下のように示すことができる。

$$(P \Rightarrow Q \land Q \Rightarrow R) \Rightarrow (P \Rightarrow R)$$

$$= \neg((\neg P \vee Q) \wedge (\neg Q \vee R)) \vee (\neg P \vee R)$$
$$= \neg(\neg P \vee Q) \vee \neg(\neg Q \vee R) \vee (\neg P \vee R)$$
$$= (P \wedge \neg Q) \vee (Q \wedge \neg R) \vee (\neg P \vee R)$$
$$= (P \wedge \neg Q) \vee ((Q \vee \neg P \vee R) \wedge (\underline{\neg R} \vee \neg P \vee \underline{R}))$$
$$= (P \wedge \neg Q) \vee ((Q \vee \neg P \vee R) \wedge T)$$
$$= (P \wedge \neg Q) \vee (Q \vee \neg P \vee R)$$
$$= (\underline{P} \vee Q \vee \underline{\neg P} \vee R) \wedge (\underline{\neg Q} \vee \underline{Q} \vee \neg P \vee R)$$
$$= T \wedge T = T \qquad \square$$

演習問題 3.3 Q が $\{P \Rightarrow Q, P\}$ の論理的帰結であることを示せ。

3.1.7 定理証明

　論理体系において，最初は「公理」(axiom) と呼ばれる恒真式があり，これらの公理と推論規則から健全な推論を行えば，任意の論理式が妥当であるかどうかを証明することができる。論理式が妥当あるいは恒真であると証明できれば，この式を「定理」(theorem) と呼ぶ。公理の集合を**公理系**(axiom system) と言う。公理系は普通少数の公理から構成される。この公理系をもとに，推論規則を用いて健全な推論を行うことによって**定理の証明**(theorem proving) を行うことができる。公理系と既知の定理の集合から新しい定理を導く，あるいは証明する過程は**形式的証明**(formal proof) と言う。

　次のような条件を満足する論理式の有限系列 $P_1, P_2, \cdots, P_n$ を論理式 P_n の証明と言う。ここで，$P_i (1 \leq i < n)$ は公理である，または $P_i (1 \leq i \leq n)$ は P_j と $P_k (1 <= j, k < i)$ から推論規則によって直接導かれた論理式である。論理式 P に対して，証明があるとき，P は証明可能であるといい，

$$\mapsto P$$

と表記する。証明可能な論理式は定理である。

例題 3.4 命題論理において，表 3.6 のような公理系がある。この公理系をもとに，表 3.5 の肯定式を利用して，論理式 $P \Rightarrow P$ が定理であることを示せ。

表 3.6 ダフィット・ヒルベルトの公理系

A_1（公理）：$P \Rightarrow (Q \Rightarrow P)$
A_2（公理）：$(P \Rightarrow (Q \Rightarrow R)) \Rightarrow ((P \Rightarrow Q) \Rightarrow (P \Rightarrow R))$
A_3（公理）：$(\neg P \Rightarrow \neg Q) \Rightarrow (Q \Rightarrow P)$

[解答]　Step 1：A_1 において，$P=P, Q=P \Rightarrow P$ とおけば，$P \Rightarrow ((P \Rightarrow P) \Rightarrow P)$ を得る．

Step 2：A_2 において，$P=P, Q=P \Rightarrow P, R=P$ とおけば，$(P \Rightarrow ((P \Rightarrow P) \Rightarrow P)) \Rightarrow ((P \Rightarrow (P \Rightarrow P)) \Rightarrow (P \Rightarrow P))$ を得る．

Step 3：Step 1 と Step 2 に推論規則を適応して $(P \Rightarrow (P \Rightarrow P)) \Rightarrow (P \Rightarrow P)$ を得る．

Step 4：A_1 において，$P=P, Q=P$ とおけば，$P \Rightarrow (P \Rightarrow P)$ を得る．

Step 5：Step 3 と Step 4 に推論規則を適応すると $P \Rightarrow P$ を得る．

以上の証明に現れた定理は，次のようにまとめることができる：

- $P_1 = P \Rightarrow ((P \Rightarrow P) \Rightarrow P)$（$A_1$ の変形）
- $P_2 = (P \Rightarrow ((P \Rightarrow P) \Rightarrow P)) \Rightarrow ((P \Rightarrow (P \Rightarrow P)) \Rightarrow (P \Rightarrow P))$（$A_2$ の変形）
- $P_3 = (P \Rightarrow (P \Rightarrow P)) \Rightarrow (P \Rightarrow P)$（$P_1$ と P_2 から導出したもの）
- $P_4 = P \Rightarrow (P \Rightarrow P)$（$A_1$ の変形）
- $P_5 = P \Rightarrow P$（P_3 と P_4 から導出したもの）

すなわち，P_1, P_2, P_3, P_4, P_5 は $P_5 = P \Rightarrow P$ の証明である．　□

3.1.8　定理証明と探索

定理証明は探索問題に定式化することができる．探索の目標状態は証明したい論理式（定理）P で，初期状態は公理系である．探索は以下のように行われる：

Step 1：現在状態は，公理と証明済みの定理の集合 S である．最後に S に追加された定理は P であれば証明が成功で終了する．

Step 2：S にある公理や定理に対して，可能な変形と推論規則を適用すること

によって，定理 $Q_1, Q_2, \cdots, Q_m$ が得られたとする。これらの新しい定理を一つずつ S に追加することによって，新しい状態 $S_i = S \cup \{Q_i\}$ が得られる。

Step 3：状態 $S_1, S_2, \cdots, S_m$ から，一つ選んで，それを現在状態 S として，Step 1 に戻る。

Step 2 において，推論規則の適用によって既知の公理や定理から新しい定理を導くことはそれほど難しくないが，既知の公理や定理を変形する際に，さまざまな選択肢があるので，探索は非常に難しくなる可能性がある。実際，例題 3.4 の証明過程において，人間の経験（ヒューリスティック）が利用されたので，探索範囲がかなり制限されている。したがって，他の問題解決と同じように，自動証明を効率化するためには，専門家のヒューリスティックを導入する必要がある。また，Step 3 によって選ばれた状態は，必ずしも正解を導くものではない。探索が失敗する場合に備えて，Open List を用意し，その中に Step 2 で生成された状態をキープする必要がある。もちろん，同じ状態を繰り返し探索することを避けるためには，Closed List を使う必要がある。

3.2 第1階述語論理

前節で紹介した命題論理において，最小単位は命題である。観測事実が命題のように表現できれば，ある論理式で表される事象が成立するかどうかを機械的に判断できる。しかし，実際の応用においては，命題論理で表現できないものがある。例えば，「誰でも，日本人であれば，人間である」という記述は命題論理ではうまく表現できない。この問題を解決するために，述語論理を利用することができる。

述語論理において命題は主語，述語などに細かく分けられる。例えば，表 3.7 の例で示しているように，述語を「関数」，主語を「独立変数」の形に書き直すことができる。主語は固定していれば，述語はその主語で表す「者」あるいは「物」の動作や性質である。もちろん，主語は変数のままで与えることができる。

命題論理に比べ，述語論理はより強力であり，さまざまな事象を論理式の形で表現することができる。表 3.7 の2列目の最後の行において，$\forall$ は述語論理に良く使用される「限量記号」で，後で詳しく説明する。述語論理は，対象領域の個体だけ

表 3.7 述語論理の例

日本語表現	記号的表現
大祐は日本人である。	$J(大祐)$
大祐は人間である。	$H(大祐)$
大祐が日本人ならば，大祐は人間である。	$J(大祐) \Rightarrow H(大祐)$
x が日本人ならば，x は人間である。	$J(x) \Rightarrow H(x)$
誰でも，日本人ならば，人間である。	$\forall x\, J(x) \Rightarrow H(x)$

が変数となる場合，**第 1 階述語論理**（1st order predicate logic）と呼ばれる．述語なども変数である場合，高階述語論理となる．実際の問題を解決するためには，第 1 階述語論理でだいたい間に合うので，ここでは第 1 階述語論理だけを紹介する．

3.2.1 述語論理の基本要素

述語論理は，命題論理に比べて表現力がより強くなっているため，それの記述も多少複雑になる．以下，述語論理の基本要素をまとめて紹介する．

1) **個体定数**（individual constant）：個体定数は，対象領域にある具体的な個体であって，a, b, c, a_1, b_2 などの英文字あるいはインデックスつき英文字で記述される．ここで，対象領域とは個体の集合のことである．対象領域の例として，すべての学生，人間，生物；すべての素数，整数，実数；すべての機械，ロボット，システム；などがある．対象領域はこの本において D（domain の頭文字）で表される．

2) **個体変数**（individual variable）：個体変数は，対象領域 D にある任意の個体であって，x, y, z, x_1, y_3 などの英文字あるいはインデックスつき英文字で表される．

3) **関数記号**（functional symbol）：関数記号は，個体間の関係を表し，f, g, h, f_1, g_2 などの英文字あるいはインデックスつき英文字で表される．入力は個体，出力も個体である．例えば，$f(x)$ を，個体変数 x に任意の個体定数を代入したときに，x の父親を求める関数として定義されたとして，$y = f(a)$ は個体 a の父親を返し，y に代入する．もし，$a =$ "大祐"，$b =$ "太郎" と定義し，

しかも「太郎が大祐の父親」という事実があるとすれば，$y=f(a)$ の結果は b であり，この結果から大祐の父親の名前を知ることができる。ここで，ダブルクォーテーションにある文字列は，個体定数の「実名」であり，そのまま個体定数として使用しても構わない。

4）**述語記号**（predicate symbol）：述語記号は，個体の性質あるいは個体間の関係を表し，本書では P, Q, R, P_1, Q_2 などの大文字の英文字あるいはインデックスつき英文字で記述される。入力は個体，出力は真か偽である。例えば，$H(x)$ において，x は人間（human）である場合，$H(x)$ は真となる；x は動物である場合，$H(x)$ は偽となる。$P(x,y)$ において，y は x の親（parent）である場合，$P(x,y)$ は真である。

5）**論理記号**（logical symbol）：命題論理と同じく，述語論理にも，$\wedge$，$\vee$，$\neg$，$\Rightarrow$，$\Leftrightarrow$ などの論理記号を使う。

6）**限量記号**（quantifier）：限量記号は，個体変数の範囲を示すものである。良く使用されるのが，全称記号 $\forall$（universal quantifier）と存在記号 $\exists$（existential quantifier）である。$\forall$ は All の頭文字 A をさかさまにしたもので，$\exists$ は，Existence の頭文字 E を鏡反射したものである。

例題 3.5 「Chieko は Makoto の母親である」ことを表す述語と，「Makoto の母親を求める」関数を，それぞれ述語記号と関数記号で表せ。

[解答]　（1）述語記号
- 定義 1：$a=$ "Chieko"，$b=$ "Makoto"
- 定義 2：$M(x,y)$：y が x の母親であることを表す述語記号
- Chieko は Makoto の母親であることを，$M(b,a)$ で表すことができ，その値は T である。

（2）関数記号
- 定義 1：$a=$ "Chieko"，$b=$ "Makoto"
- 定義 2：$y=m(x)$：個体 x の母親を求める関数記号
- Makoto の母親を求めるために，$y=m(b)$ を使えばよい。

ただし，(1) の述語記号が真のときに，(2) の関数記号の出力が a で，それが Chieko に対応する。明らかに，$M(b, m(b))$ は永遠に真である。 □

例題 3.6 以下の文を限量記号で記述せよ。
(1) すべての x に対して，x が人間であるならば，x がサイバネティック（自己統制ができるシステム）である。
(2) ある x が存在し，x が人間であるならば x が天才である（天才である人間が必ず一人以上存在する）。

[解答] (1) x が人間であることを $H(x)$ で，x がサイバネティック（cybernetic）であることを $C(x)$ で表すと，「すべての x に対して，x が人間であるならば，x がサイバネティックである」ことは，以下のように記述される：

$$\forall x H(x) \Rightarrow C(x)$$

(2) $H(x)$ は (1) と同じものとして，x が天才（genius）であることを $G(x)$ で表すと，「ある x が存在し，x が人間であるならば x が天才である」ことは，以下のように記述される：

$$\exists x H(x) \Rightarrow G(x)$$

□

以上の例において，個体変数 x が限量記号によって束縛（そくばく）されると言う。

演習問題 3.4
1) Taro と Jiro が兄弟であることを述語記号で表せ。
2) Jiro の兄弟を求めることを関数記号で表せ。

3.2.2 項の定義

述語論理の論理式を定義する準備作業として，まず項を定義する。形式的に，項は以下のように定義される：

項 (term) の定義

1) 個体定数,個体変数は項 (term) である。
2) $t_1, t_2, \cdots, t_n$ が項であり,f が n 変数の関数であるとき,$f(t_1, t_2, \cdots, t_n)$ は項である。
3) 以上の 1) と 2) によって定義されたものだけが項である。

基本的に,項は対象領域にある個体を表すものである。例えば,$a=$"Taro", $b=$"Jiro", $c=$"Hanako", $m(a), f(b), m(x), f(y)$ などは項である。

3.2.3 素式

命題論理式と同じように,述語論理式の最小単位は**素式**と呼ばれる。素式は,項によって定義される。$t_1, t_2, \cdots, t_n$ が項であり,P がこれらの項に関する述語記号であれば,$P(t_1, t_2, \cdots, t_n)$ は素式である。素式は,論理式であり,真と偽のどちらかの値を取る。例えば,$H(a), P(b, m(a)), C(x)$ などは素式である。

3.2.4 論理式

述語論理の論理式は以下のように定義される:

論理式の定義

1) 素式は論理式である。
2) P, Q が論理式であるとき,$\neg P, P \wedge Q, P \vee Q, P \Rightarrow Q, P \Leftrightarrow Q$ は論理式である。
3) P が論理式で,x が個体変数であるとき,$\forall x P, \exists x P$ は論理式である。
4) 以上 1),2),3) よりわかるものだけが論理式である。

以上の定義によって構成された論理式が**整式** (wff) である。論理記号の結合範囲を明示するために,( ) が使える。限量記号の作用範囲を明示するために,[ ] が良く使用される。

3.2.5 論理式の節形式

命題論理と同じように,素式または素式の否定を**リテラル**と言う。これをもと

に，節形式は，以下のように定義される．

節形式の定義

$C_i (i=1, 2, \cdots, n)$ を**節**，すなわちリテラルの選言からなる述語論理式としたとき，

$$Qx_1 Qx_2 \cdots Qx_m [C_1 \wedge C_2 \wedge \cdots \wedge C_n] \tag{3.5}$$

という形式の**閉式**（closed formula）を**節形式**と言う．閉式とは，すべての変数が限量記号によって束縛された**束縛変数**（bound variable）であり，「**自由変数**」（free variable）がない論理式のことである．ここで Q は限量記号であり，$x_1, x_2, \cdots, x_m$ は括弧の中の論理式に含まれるすべての個体変数である．

式（3.5）の節形式は，**冠頭標準形**（prenex normal form）とも呼ばれ，括弧の前の部分は**冠頭**（prenex）で，括弧の中の論理式は，限量記号が含まれず，**母式**（matrix）と言う．任意の述語論理式は次のような手順によって（3.5）の節形式に変換することができる：

1）命題論理と同じように，含意記号は

$$P \Rightarrow Q = \neg P \vee Q$$

によって削除される．同値記号は

$$P \Leftrightarrow Q = (P \Rightarrow Q) \wedge (Q \Rightarrow P)$$

によって削除される．

2）以下の法則
- $\neg(\neg P) = P$
- $\neg(P \wedge Q) = \neg P \vee \neg Q, \ \neg(P \vee Q) = \neg P \wedge \neg Q$
- $\neg \forall x P(x) = \exists x (\neg P(x)), \ \neg \exists x P(x) = \forall x (\neg P(x))$

によって $\neg$ を肯定リテラルの直前にもってくることができる．

3）一つの全称記号 $\forall$ で一つの変数を限定するようにする．例えば，

$$\forall x P(x) \vee \forall x Q(x) = \forall x P(x) \vee \forall y Q(y)$$

のようにすることによって個体変数の曖昧さを削除することである．

4）すべての全称記号 $\forall$ を，順序を変えずに式の先頭に移動する。例えば，

$$\forall x P(x) \vee \forall y Q(y) = \forall x \forall y [P(x) \vee Q(y)]$$

のようにすることによって，限量記号と母式の形式に直し，標準形により近づくようにすることである。

5）存在記号 $\exists$ を消去する。例えば，$\exists x P(x)$ を $P(a)$ と書き換えることができる。ここの a は**スコーレム定数**（Skolem constant）であると言う。すなわち，ある x が存在し $P(x)$ が真であるので，P を真にする x を a とすることができる。a は何なのかわからないが，それを定数として考えることができる。同じように，$\forall x \exists y P(x,y)$ を $\forall x P(x, f(x))$ に書き直せる。任意の x に対して，必ず $P(x,y)$ を真にするある y が存在するので，その y が x の関数として考えることができる。関数 $y = f(x)$ は**スコーレム関数**（Skolem function）と呼ばれ，その詳しい定義がわからなくてもよい。

6）すべての全称記号 $\forall$ を消去する。ここまでの処理で，論理式の中のすべての変数は全称記号で限定されているので，特に書く必要はなく，すべての全称記号 $\forall$ を消去すればよい。

7）分配律で選言 $\vee$ を含む節の連言 $\wedge$ の節形式にする。これによって得られた論理式は，命題論理のそれと同じ形になる。それに分配律を適用し，選言 $\vee$ を含む節の連言 $\wedge$ の形にすれば，節形式（標準形）が得られる。

8）自動証明を行うために，変数の曖昧さを削除する必要がある。そのために，各節の変数を互いに異なったものに変換する。同じ節内の同じ変数は同じ変数名を使用する。以下は簡単な例である：

$$(P(x) \vee Q(y)) \wedge (R(x,y) \vee S(x)) = (P(x_1) \vee Q(x_2)) \wedge (R(x_3, x_4) \vee S(x_3))$$

例題 3.7 以下の論理式を，スコーレム定数あるいはスコーレム関数を利用して，存在記号のない式に変更し，その物理的意味について検討せよ。

(1) $\exists x G(x)$. ただし，$G(x)$ は，x が天才であることを表す述語記号である。

(2) $\forall x \exists y L(x,y)$. ただし，$L(x,y)$ は，y が x を愛することを表す述語記号である。

[解答]　(1) $\exists x\, G(x) = G(a)$，ただし，a はスコーレム定数である。この式は，「a が天才で，a は不定であるが，必ず存在する」ことを意味する。

(2) $\forall x \exists y\, L(x,y) = \forall x\, L(x, f(x))$，ただし，$f(x)$ はスコーレム関数であり，任意の x を愛する人を求める。この式は，「任意の x に対して，$f(x)$ が x を愛する」ことを意味する。　□

3.2.6　節集合

論理式は一旦節形式に変換されれば，節の連言の代わりに，節の集合として考えられる。節の集合の形で表現された場合，推論が自動的に実行しやすくなる。表3.8には，**節集合**（set of clauses）の一例を示している。この例において，1から6番目の節は知識であり，残りは観測事実である。実際，$\neg P \lor Q = P \Rightarrow Q$ なので，この節集合の要素を If-Then ルールの形に直すことができる。

一般に，節集合をもとに新しい定理を証明するために，節集合自身が妥当であることを証明しなければならない。すなわち，対象領域のすべての個体に対して，すべての節が恒真式であることを証明する必要がある。そのために，**エルブランの定理**（Herbrand's theorem）がある [2]。エルブランの定理を利用すると，節集合が充足不能であれば，それを有限ステップで証明できることが知られている。しかし，エルブランの定理に基づく証明は，無駄が多く実用的ではない。その代わりに，公理を含む節集合からスタートし，以下で紹介する導出原理をもと

表3.8　節集合の例

1	$\neg H(x_1) \lor M_1(x_1)$
2	$\neg B_1(x_2) \lor M_1(x_2)$
3	$\neg M_1(x_3) \lor \neg E(x_3) \lor C(x_3)$
4	$\neg M_1(x_4) \lor \neg S_1(x_4) \lor \neg S_2(x_4) \lor C(x_4)$
5	$\neg C(x_5) \lor \neg B_2(x_5) \lor \neg B_3(x_5) \lor L(x_5)$
6	$\neg C(x_6) \lor \neg B_2(x_6) \lor \neg M_2(x_6) \lor F(x_6)$
7	$H(a)$
8	$B_2(a)$
9	$B_3(a)$

に，証明したい節を一つずつ検証し，検証済みのものを節集合に追加する方法がある。この方法は効率的に節集合の充足可能性を証明することができる。以下，これについて詳しく説明する。

3.2.7 導出原理

同じリテラルの肯定 P と否定 $\neg P$ を含む 2 つの節 C_1, C_2 があるとする。この 2 つの節にある P と $\neg P$ を「照合」できれば，それらを削除し，新しい節を導出することができる。これは**導出原理**あるいは融合原理（resolution principle）と呼ばれる。もとの節は**親節**（parent clause），新しい節は**導出節**（resolvent clause）と言う。

例題 3.8 親節 $1 = \neg S(a) \vee H(a)$，親節 $2 = \neg H(x) \vee M(x)$ であるとして，その導出節を求めよ。

[解答] $x = a$ とすれば，$H(a)$ の肯定と否定が両方の親節にあるので，このリテラルを削除することができる。残りのリテラルは $\neg S(a) \vee M(a)$ で，これは導出節となる。 □

上の例において，親節 1 は含意 $S(a) \Rightarrow H(a)$（a が student であるならば human である），親節 2 は含意 $H(x) \Rightarrow M(x)$（任意の x が human であるならば mortal である），導出節は含意 $S(a) \Rightarrow M(a)$（a が student であるならば mortal である）。したがって，上記の導出は三段論法そのものである。導出原理は，肯定式や三段論法を一般化したものである。

命題論理の導出（resolution）を行うためには，導出原理を直接に利用できる。しかし，上の例でもわかるように，一階述語論理の導出を行うために，リテラルの「照合」が必要である。述語論理の場合，リテラルが似ているが同じではない場合がよくある。例えば，$H(a)$ と $H(x)$ は，そのまま照合できないが，$x = a$ とおけば，照合できるようになる。個体定数 a を個体変数 x に代入することは統一化あるいは**単一化**（unification）と言い，$\{x/a\}$ は**単一化子**（unifier）と言う。単一化された 2 つのリテラルは同じものとなり，もとより具体的になる。

例題 3.9 $F(x, q)$ と $F(p, y)$ の単一化について検討せよ。

[解答]　$F(x,q)$ と $F(p,y)$ を $x=p$ と $y=q$ で単一化できる。その結果，どちらも $F(p,q)$ となる。単一化子は，$\{x/p, y/q\}$ である。　□

例題 3.10　$Q(f(b),x)$ と $Q(y,a)$ の単一化について検討せよ。

[解答]　$Q(f(b),x)$ と $Q(y,a)$ は，$x=a$ と $y=f(b)$ で単一化でき，その結果は $Q(f(b),a)$ となる。単一化子は，$\{x/a, y/f(b)\}$ である。　□

3.2.8　反駁証明

　証明済みの節集合をもとに，ある論理式が定理であることを証明するために，対象領域のすべてのもとに対して，定理が成立することを証明しないといけない。したがって，定理証明を直接行うと非常に煩雑な問題となる。定理を直接証明しないで，その否定を節集合に入れてみて，矛盾が導出されれば，定理が証明される。すなわち，その定理を否定することは，既存の公理や定理と矛盾となるため，定理を否定してはいけない。このような証明方法は**反駁証明**と言う。

　節集合は，公理，既知定理，観測事実をすべて論理式で表現され，それらの論理式を節形式，さらに節集合に変換することによって得られる。証明したい定理の否定を節集合に入れて，矛盾が導出されれば，定理が証明される。

例題 3.11　節集合を表 3.8 で与えられたとして，$E(a) \Rightarrow L(a)$ を証明せよ。

[解答]　証明したい論理式は，$P = \neg E(a) \vee L(a)$ である。この論理式は定理であれば，その否定 $\neg P = E(a) \wedge \neg L(a)$ を節集合に追加すると矛盾が導出されるはずである。$\neg P$ は 2 つの節 $E(a)$ と $\neg L(a)$ の連言なので，それを節集合に追加することは，$E(a)$ と $\neg L(a)$ を節集合に追加することになる。矛盾を導く手順は以下のようになる：

　　　親節 1：$\neg L(a)$（追加された 2 番目の節）
　　　親節 2：$\neg C(x_5) \vee \neg B_2(x_5) \vee \neg B_3(x_5) \vee L(x_5)$（5 番目の節）
　　　単一化：$x_5 = a$
　　　導出節：$\neg C(a) \vee \neg B_2(a) \vee \neg B_3(a)$

親節 1：上の導出節と同じ
親節 2：$B_3(a)$（9 番目の節）
単一化：必要なし
導出節：$\neg C(a) \vee \neg B_2(a)$

親節 1：上の導出節と同じ
親節 2：$B_2(a)$（8 番目の節）
単一化：必要なし
導出節：$\neg C(a)$

親節 1：上の導出節と同じ
親節 2：$\neg M(x_3) \vee \neg E(x_3) \vee C(x_3)$（3 番目の節）
単一化：$x_3 = a$
導出節：$\neg M(a) \vee \neg E(a)$

親節 1：上の導出節と同じ
親節 2：$E(a)$（追加された 1 番目の節）
単一化：必要なし
導出節：$\neg M(a)$

親節 1：上の導出節と同じ
親節 2：$\neg H(x_1) \vee M(x_1)$（1 番目の節）
単一化：$x_1 = a$
導出節：$\neg H(a)$

親節 1：上の導出節と同じ
親節 2：$H(a)$（7 番目の節）
単一化：必要なし
導出節：Φ

最後の導出節は Φ，すなわち**空節**（empty clause）であるため，矛盾が導かれた．したがって，$\neg P$ が偽であり，あるいは P が真であること

が証明された。 □

　一般に，節集合が大きいとき，その妥当性（無矛盾であること）を直接に証明することは非常に難しい。しかし，ここで紹介した導出と反駁証明を利用すれば，公理の集合と少数の証明済みの定理からスタートし，証明したい節を一つずつ検証することができる。これは，エルブランの定理に基づく方法よりはるかに効率的である。

3.2.9　ホーン節
　一般に節は交換律を利用して次のような否定と肯定のリテラルの選言に書き直せる：

$$\neg A_1 \vee \neg A_2 \vee \cdots \vee \neg A_m \vee B_1 \vee B_2 \vee \cdots \vee B_n. \tag{3.6}$$

n の値は1以下である場合，**ホーン節**と言う。含意記号を用いるとホーン節は

$$A_1 \wedge A_2 \wedge \cdots \wedge A_m \Rightarrow B \tag{3.7}$$

と書ける。肯定リテラルをちょうど一つ含む節は**確定節**（definite clause）と言う。確定節で，否定リテラルを一つも含まない節は事実である。逆に，肯定リテラルを含まない節は**ゴール節**（goal clause）と言う。何も含まない空節もゴール節である。

　例題3.11からもわかるように，導出を行う際，節集合から適切に節を選び，リテラルの単一化と照合を繰り返して行う必要がある。ホーン節を利用すれば，導出の効率が高められる [3]。その理由は，以下の説明からわかる。まず，結論を左端に置く。すなわち，ホーン節は，以下のように表せる：

$$B \vee \neg A_1 \vee \neg A_2 \vee \cdots \vee \neg A_m. \tag{3.8}$$

前提が複数のリテラルの選言である場合は，複数の単一前提のホーン節に直せる。例えば，$A_1 \vee A_2 \Rightarrow B$ は，$B \vee \neg A_1$ と $B \vee \neg A_2$ に直せる。結論部が複数のリテラルの連言である場合も，複数のホーン節に直せる。例えば，$A \Rightarrow B_1 \wedge B_2$ は，$B_1 \vee \neg A$ と $B_2 \vee \neg A$ に直せる。

　節をホーン節に書き直すと，導出は以下のように行うことができる：
(1) 証明したいゴール節（肯定リテラルがない節）を親節1とする。

(2) 親節1の左端のリテラルに着目し，それと単一化可能な肯定のリテラルを，与えられたホーン節の先頭のリテラルだけをチェックすることにより見つけ出し，それをもう一つの親節2とする．
(3) 親節1と親節2をもとに導出を行い，得られた導出節が空節ならば証明が終了し，さもなければその導出節を親節1として（2）に戻る．

以上の導出は，確定節に基づく選択的線形導出（SLD: selective linear resolution for definite clause）として知られている．反駁証明を利用する際に，まず，証明したい節を否定することによってゴール節を求める必要がある．SLD戦略において，導出の各ステップで，ホーン節の先頭に着目するだけで親節2を求めることができるので，すべての節のすべてのリテラルをチェックするより，はるかに効率的になる．SLD戦略は一般の節集合に対して不完全であるが，ホーン節集合に対しては完全である．完全な導出とは，もし入力節が充足不能であれば，必ず矛盾を導出できることである．したがって，SLDを利用するために，節集合をホーン節集合の形に直す必要がある．

演習問題 3.5 表3.9は，表3.8の節集合をホーン節集合に書き直したものである．すべての節には，肯定リテラルは一つだけ含まれ，節の左端に置かれている．ホーン節集合をもとに，SLD戦略で$L(a)$を証明せよ（ヒント：反駁証明を

表3.9 表3.8の節集合に対応するホーン節の集合

1	$M_1(x_1) \vee \neg H(x_1)$
2	$M_1(x_2) \vee \neg B_1(x_2)$
3	$C(x_3) \vee \neg M_1(x_3) \vee \neg E(x_3)$
4	$C(x_4) \vee \neg M_1(x_4) \vee \neg S_1(x_4) \vee \neg S_2(x_4)$
5	$L(x_5) \vee \neg C(x_5) \vee \neg B_2(x_5) \vee \neg B_3(x_5)$
6	$F(x_6) \vee \neg C(x_6) \vee \neg B_2(x_6) \vee \neg M_2(x_6)$
7	$H(a)$
8	$B_2(a)$
9	$B_3(a)$
10	$E(a)$

3.2.10 AI 言語 Prolog

Prolog は非手続き型プログラミング言語の一つで，論理型言語に分類される。Prolog は Programming in Logic の略で，1972 年ごろにフランスのカルメラウアーとコワルスキーによって考案された（詳しくは，文献［4］と［5］を参照のこと）。Prolog において，ホーン節は次のように記述される：

$$B\text{:-}A1,A2,…,An \tag{3.9}$$

これは $A_1 \wedge A_2 \wedge \cdots \wedge A_n \Rightarrow B$ と同じ意味を持つ。B を先頭にする理由は，肯定リテラルを容易にみつけるためである。また，「⇒」を「:-」，「∧」をコンマで置き換える理由は単にキーボードから入力しやすくするためである。

Prolog プログラムの詳細については，本書の範囲を超えているので，ここで簡単な例だけを示し，その様子を紹介する。表 3.10 は，Prolog で書かれたプログラムの一例を示している。その中に，事実や規則が与えられている。小文字で表しているのが個体定数や述語記号である。大文字で表しているのが個体変数である。

表 3.11 は，プログラムの実行例を示している。Prolog プログラムを実行する

表 3.10 Prolog プログラムの例

プログラム	意味
parent(sofu,otosan).	sofu は otosan の親である。
parent(msofu,okasan).	msofu は okasan の親である。
parent(otosan,miho).	otosan は miho の親である。
parent(otosan,taro).	otosan は taro の親である。
parent(otosan,jiro).	otosan は jiro の親である。
parent(X,Y):- married(Z,X),parent(Z,Y).	Z と X が結婚していて，Z が Y の親なら，X が Y の親である。
married(otosan,okasan).	otosan と okasan が結婚している。
married(msofu,msobo).	msofu と msobo が結婚している。
married(sofu,sobo).	sofu と sobo が結婚している。
ancestor(X,Y):-parent(X,Y).	X が Y の親なら X が Y の祖先である。
ancestor(X,Y):- parent(X,Z),ancestor(Z,Y).	X が Z の親で，Z が Y の祖先であるなら，X が Y の祖先である。

表 3.11　Prolog プログラムの実行例

```
/usr/local/bin/sicstus
SICStus 4.3.2 (i386-solaris-5.10): Fri May 8 13:52:56 CEST
2015
Licensed to SP4.3u-aizu.ac.jp
| ? - consult('test').
% consulting /home/professor/qf-zhao/lecture-note/AI/test...
% consulted  /home/professor/qf-zhao/lecture-note/AI/test in
module user, 1 msec 1688 bytes
yes
| ? - parent(X,taro).
X = otosan ? yes
yes
| ? - ancestor(X,miho),write(X),nl,fail.
otosan
okasan
sofu
msofu
msobo
sobo
no
```

ために，インタプリタが必要である．インタプリタの例として，GNU Prolog，Visual Prolog，SICStus Prolog などがある．表 3.11 に示しているのは SICStus Prolog の例である．表のなかに，黒文字で示しているのがキーボードからの入力である．例えば，「parent(X,taro).」は，一つのリクエストで，その下にあるのが解答である．解答が複数ある場合，「write(X), nl, fail.」のように，すべての解答をリストすることもできる．

演習問題 3.6　表 3.9 のホーン節の集合を，Prolog プログラムに直せ．また，読者各自の実行環境にあるインタプリタを利用して，作ったプログラムの動作を確認せよ．

3.3　おわりに

本章では，論理とそれに基づく推論の基本を紹介した．命題論理は，離散数学

や論理回路などの授業でも学ぶが，本章の着目点は，推論と定理の証明である．ここで推論とは，観測事実を与えられたときに，既存の知識をもとに，観測事実から直接に見えない結論を導くことである．定理証明とは，与えられた論理式の妥当性を，既存知識（公理や証明済み定理）に基づいて証明することである．推論も定理証明も，探索問題に帰着でき，第2章で紹介したアルゴリズムで解決できる．しかし，例題3.4からもわかるように，ヒューリスティックを利用せずに探索を行うと，効率的に問題を解くことが困難である．また，命題論理式は，個体変数がないので，知識として利用しにくい点もある．この問題を解決したのが述語論理である．

述語論理式を節形式あるいは節集合に標準化すると，推論と定理の証明は導出問題に帰着することができる．さらに，節集合をホーン節集合に直せば，導出を線形探索の形で行うことができる．したがって，第2章のアルゴリズムを直接使うよりも，SLD戦略をもとに探索すると，効率的に推論や定理証明を行うことができる．しかし，ホーン節集合は，一階述語論理の一部しか表現できない．すなわち，ホーン節に直せない節があるので，SLD戦略をもとに，証明できない定理がある．このような場合，第2章のアルゴリズム（深さ優先，幅優先など）を利用する必要がある．

第3章の参考文献

[1] 太原育夫著，AIの基礎知識，近代科学社，1988
[2] S. R. Buss, "On Herbrand's Theorem," In Logic and Computational Complexity, Lecture Notes in Computer Science, No. 960, pp. 195-209, Springer-Verlag, 1995.
[3] A. Horn, "On Sentences Which are True of Direct Unions of Algebras," *Journal of Symbolic Logic*, 16, 14-21, 1951.
[4] R. A. Kowalski, "The Early Years of Logic Programming," *Communications of the ACM*, Vol. 31, No. 1, pp. 38-43, 1988.
[5] A. Colmerauer, P. Roussel, "The Birth of Prolog," The 2nd ACM SIGPLAN conference on History of programming languages, pp. 37-52, 1993.

4 エキスパートシステムと推論

　AIシステムと言えば，人間と同じような知能を持つシステムであると思われるかもしれない。しかし，人間の道具開発の歴史から見ると，人間と同じようなシステムを作るよりも，人間の体のある部分（例えば，手，足，目，耳など）を特別に強化したほうがより現実的である。この意味で，例えば，総合的な知識がなくても，医療知識がたくさんあり，時々ヘルスケアの助言をしてくれるシステム；英語，数学，理科などの知識がたくさんあり，宿題のヒントや考え方を教えてくれるシステム；映画，音楽，小説などの知識がたくさんあり，今の気分に合わせていいものを推薦してくれるシステム；などが期待される。このような期待に応えるために開発された知能システムは，**エキスパートシステム**（expert system）と呼ばれる。日本語訳では専門家システムという場合もある。

　初期のAI研究者たちは，高度な数学や論理学などを駆使し，一般的知能を実現することに関心があった [1]。しかし，なかなか世の中のニーズに応えられなかったので，エキスパートシステムが提案され，構築された [2]。この転換はAIを普及させる起爆剤になって，20世紀70年代以降から，多くの**意思決定支援システム**（decision support system）の中に，多少ながら，AIの要素が組み込まれるようになってきた。医療診断，生産管理，書物推薦などはその例である。エキスパートシステムの基本は知識であり，目的は人間の意思決定を助けることである。本章は，エキスパートシステムの基本構成とそのメカニズムについて説明する。本章の内容をしっかり把握さえすれば，既存の多くのシステムの原理が理解できると思う。もう少し勉強をすれば，「自家製」のシステムを構築することも可能である。

4.1　プロダクションシステム

　最初のエキスパートシステムを提案したのは エドワード・ファイゲンバウム（Edward Albert Feigenbaum）らである [2]。そのころ，汎用知能システムの研究はある意味でつまずき，なかなか社会の期待に応えることができなかった。フ

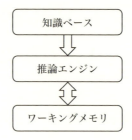

図 4.1　エキスパートシステムの一般構成

ファイゲンバウムらは，1965 年から，DENDRAL Project を発足し，分子の質量分析に関する専門家の知識を「知識ベース」に保存し，それをもとに，観測した事実から推論し，適切な判断が下せるようにした．これは，AI の実用化とその普及に大きく貢献した．

一方，アレン・ニューウェル（Allen Newell）が 1973 年に，汎用問題解決器（GPS: general problem solver）の延長線で，**プロダクションシステム**（production system）の理論を提案した．プロダクションシステムは，「生産システム」と直訳してはいけない．ここでプロダクションの意味は，推論結果の「生成」である．プロダクションシステムの基本は，知識と観測事実から，推論の中間結果を次々と生成し，結論を導くことである．任意の問題に対して，ある時点で得られた中間結果を「現在状態」とすれば，プロダクションシステムは，既存知識と事実に基づき，遷移できる状態を次々と選び，最終的に目標状態に到達する探索アルゴリズムである．解決する問題をある特定の領域にしぼれば，プロダクションシステムはエキスパートシステムとなる．したがって，ファイゲンバウムらは最初のエキスパートシステムを構築したが，ニューウェルがエキスパートシステムの基礎理論を築いたと言える．本節では，プロダクションシステムの基本をまず紹介し，動物分類や病気診断などの例を用いて簡単なエキスパートシステムの構築方法を示す．

図 4.1 に示しているように，プロダクションシステム，あるいは一般にエキスパートシステムは，通常，3 つの部分から構成される．すなわち，

- 知識ベース，
- ワーキングメモリ，
- 推論エンジン（あるいはインタプリタ）

である。**知識ベース**（knowledge base）は，システムを設計する段階で，その時点でわかっている知識の集まりである。**ワーキングメモリ**（working memory）は，観測事実と推論の中間結果を保存する場所である。また，**推論エンジン**（inference engine）は，知識ベースと観測事実をもとに，意味のある結果を導くための手段である。一般に推論エンジンを知識ベースと切り離して，独立に構築することができる。例えば，医療診断用システムと家庭教師システムは，知識ベースが違うが，同じ推論エンジンを使用することができる。したがって，汎用の推論エンジンを用意すれば，システム開発者は知識ベースの構築だけに専念することができる。

4.1.1 知識の表現

知識ベースは，専門家の知識の集まりである。知識を知識ベースに入れる前に，それらを自動推論しやすい形に書き直す必要がある。知識の中に，know-what と know-how の 2 種類がある。前者は「C ならば，A は B である」のように，「宣言」の形で定義される。条件 C のない宣言は事実に対応する。したがって，know-what は**宣言的知識**（declarative knowledge）とも呼ばれる。これに対して，know-how は，問題の解決方法で，通常，手続き（プログラム）の形で定義され，**手続き的知識**（procedural knowledge）とも呼ばれる。プロダクションシステム（特に初期のもの）に使用されている知識はたいてい宣言的知識なので，本節では，まず宣言的知識だけを考える。

知識は，**プロダクションルール**（production rule）あるいはルールとも呼ばれ，以下のように宣言される：

ルール名：If　（条件部）　　Then　（実行部）

ここでルール名は，通常，プログラムの中の変数名と同じように，英数字などの文字列で書かれる。例えば，R1, Rule10, Knowledge_110, Sick_ID, Med_ID などは，（推論過程で）参照しやすいルール名である。条件あるいは前件部は，ある知識が成り立つ条件で，通常，ある領域（例えば医療診断）によく現れるパターンを，文字列や式の形で与える。例えば，「熱が高い」，「脈拍数が速い」，「身長対体重比>2.5」などは，健康診断に使いそうな条件の例である。条件のないルールは，事実そのものである。条件は，日本語でも，英語でも，あるいは一般の文字

表 4.1 知識ベースの例 その1：動物の分類

ルール名	条件部	実行部
M1	体毛がある	「哺乳動物である」を追加する
M2	授乳する	「哺乳動物である」を追加する
B1	羽がある	「鳥である」を追加する
B2	飛ぶかつ卵を産む	「鳥である」を追加する
B3	鳥であるかつ体が白いかつ体が大きい	「白鳥である」を追加する
B4	鳥であるかつ体が黒いかつ体が小さい	「ツバメである」を追加する
B5	鳥であるかつ体が黒いかつ体が中ぐらい	「カラスである」を追加する
C1	哺乳動物であるかつ肉を食べる	「肉食動物である」を追加する
C2	哺乳動物であるかつ鋭い歯を持つかつ鋭い爪を持つ	「肉食動物である」を追加する
C3	肉食動物であるかつ体は黄土色であるかつ体が大きい	「ライオンである」を追加する
C4	肉食動物であるかつ体は黄土色であるかつ体が中ぐらい	「キツネである」を追加する
U1	哺乳動物かつひづめがある	「有蹄動物である」を追加する
U2	有蹄動物であるかつ指の数が偶数である	「偶蹄動物である」を追加する
U3	有蹄動物であるかつ反すうする	「偶蹄動物である」を追加する
U4	有蹄動物であるかつ指の数が奇数である	「奇蹄動物である」を追加する
U5	偶蹄動物であるかつ体の色は黄土色であるかつ黒い斑点を持つ	「シカである」を追加する
U6	奇蹄動物であるかつ体の色は白いかつ黒いしま模様を持つ	「シマウマである」を追加する

列でも構わないが，観測した事実と「照合」しやすいものでなければならない。例えば，「心理状態は不安定である」，「顔色が悪い」，などは，観測者の主観にも依存するので，条件として相応しくないと考えられる。しかし，機械学習を利用すれば，あいまいな条件をも扱えるエキスパートシステムも設計できる。これについては，本書の後半で紹介する。

表 4.2　知識ベースの例　その 2：病気の診断

ルール名	条件部	実行部
C1	喉が痛いかつ熱がある	「風邪の可能性がある」を追加する
C2	風邪の可能性があるかつ鼻水があるかつ咳がある	「風邪である」を追加する
B1	風邪の可能性があるかつ痰がある	「気管支炎の可能性がある」を追加する
B2	気管支炎の可能性があるかつ咳が長く続く	「気管支炎である」を追加する
I1	風邪の可能性があるかつ熱が高いかつ筋肉痛である	「インフルエンザの可能性がある」を追加する
I2	インフルエンザの可能性があるかつ悪寒を感じるかつ関節痛である	「インフルエンザである」を追加する。
P1	気管支炎であるかつ痰に色があるかつ高熱が長く続く	「肺炎の可能性がある」を追加する。
P2	肺炎の可能性があるかつ呼吸が困難であるかつ脈拍数は多い	「肺炎である」を追加する。

　実行部の基本操作は，ある結論あるいは中間結果をワーキングメモリに記憶あるいは「追加すること」である．例えば，一部の観測事実と知識をもとに推論し，その結果，患者は「風邪である」と判断した場合，これを新しい事実としてワーキングメモリに追加する．さらに推論を続けると，例えば，事実の中に，「熱が高い（>38.5）」というものがあれば，「風邪である」に合わせて，「ウイルス性風邪である」との判断ができるかもしれない．このように，中間結果，すなわち，直接に観測されていない事実を次々とワーキングメモリに追加し，それ以上推論ができなくなったら最後の結果は結論となる．実行部の操作は，中間結果をワーキングメモリに追加すること以外に，正しい結論に導けなかった中間結果を削除したり，より良い中間結果を見つけた時に中間結果を書き換えたり，望ましい結果を見つけた（見つけられなかった）時に推論過程を停止したりすることなどもある．

　表 4.1 と表 4.2 はそれぞれ動物分類に関する知識の一部と医療診断に関する知識の一部である．これらの例は簡単なので，実行部には中間結果の削除や書き換

えなどはない。また，これらの例は，あくまで，知識の表現形式とそれに基づく推論方法を説明するためのものであり，動物学や医学の厳密さはここでの関心事ではない。

4.1.2 観測事実の表現

プロダクションシステムは，通常，ある事実が観測されたときに，それに伴う結論を導くために利用される。結論を出すためには，たいてい，複数の事実を集める必要がある。例えば，サファリパークを訪れる時に，車の外にいる動物の種類を決めるために，表4.3の事実を集めることができる。また，ある患者が風邪なのか，インフルエンザなのかを診断するために，表4.4の事実を確認する必要があるかもしれない。ここでまず観測事実についてもう少し説明してから，推論過程を議論したい。

明らかに，表4.3と表4.4の観測事実は表4.1と表4.2にあるルールの条件部の内容と同じ形である。これは，推論する際に，ある事実に対して，どのルールを採用するかを決めるために重要である。しかし，現実には事実とルールの条件部とぴったり一致するとは限らない。例えば，子供が車の外の動物を見て，「あの動物の体は，シマシマだね」とか，「あの動物の赤ちゃんがおっぱいを飲んでいる

表4.3 観測している動物に関する事実

f1：黒いしま模様を持つ
f2：体の色は白い
f3：ひづめがある
f4：指の数は奇数である
f5：授乳をする

表4.4 ある患者に関する事実

s1：熱がある
s2：熱が高い
s3：喉が痛い
s4：悪寒を感じる
s5：筋肉痛である
s6：咳がある
s7：痰がある
s8：関節痛である

よ」とか言うかもしれない。この場合，観測した事実を表す文書を解析し，最も一致するルールを選ばなければならない。これは一般にパターン認識の問題であり，本書の後半（第6章）で紹介したい。本章においては，取りあえず，観測事実は「認識済み」のもので，直接に知識の条件部と照合できるものとする。

4.1.3 前向き推論

前向き推論あるいは**前向き連鎖** (forward chaining) 型推論とは，観測事実から出発し，知識ベースにあるルール（推論規則）に従って次々と推論結果を出していく過程である。その最後の結果は結論となる。上の説明からわかるように，知識ベースにある規則は，通常，既存の（ワーキングメモリにある）事実から新しい事実を導き，それをワーキングメモリに追加する。前向き推論の基本は，事実と規則との照合と，新しい事実の生成である。前向き推論の反対は，「後ろ向き」推論である。後者は，結論を最初に予測し，それを知識と観測事実に基づいて検証する方法である。ここでまず前向き推論をより詳しく説明する。後ろ向き推論については後で説明する。前向き推論の過程は，一般に表4.5のようになる。

前向き推論を行うためには，2つの問題を解決する必要がある。その1つはStep 2の「**競合集合** (conflict set) の生成」で，2つ目はStep 3の「**競合の解消**」である。前者は条件部が現在のワーキングメモリにある事実にマッチできるすべてのルールを求めることで，後者は競合集合から推論を続けるためのルールを1つに絞ることである。文献において，Step 2 と Step 3 とを合わせて，1つの**認識・行動サイクル** (RAC: recognition action cycle) [3] あるいは**認知・行動サイクル** (PAC: perception action cycle) [4] と言われる。認識あるいは認知ステップにおいて，すべての観測事実とすべてのルールとを照合する必要がある。これを効率的に行うために，通常，エキスパートシステムは Rete アルゴリズムあるいはその改良版を利用する [5]。行動のステップにおいては，さまざまな可能な

表4.5 前向き推論アルゴリズム

Step 1:	初期化：観測事実をワーキングメモリに入れる。
Step 2:	競合集合の生成：ワーキングメモリにある事実と知識ベースにあるルールとを照合し，マッチできるすべてのルールを「競合集合」に入れる。
Step 3:	競合の解消：競合集合からルールを一つ選び，その実行部にしたがってワーキングメモリの内容を更新する。実行可能なルールがなければ，ワーキングメモリに追加した最後の結果を出力し，推論を停止する；そうではなければ，Step 2に戻る。

表 4.6　動物分類の推論過程

推論サイクル	競合集合	選ばれたルール	ワーキングメモリの内容
初期			f1：黒いしま模様を持つ f2：体の色は白い f3：ひづめがある f4：指の数は奇数である f5：授乳をする
1	M2	M2	f6：哺乳動物である
2	M2, U1	U1	f7：有蹄動物である
3	M2, U1, U4	U4	f8：奇蹄動物である
4	M2, U1, U4, U6	U6	f9：シマウマである
5	M2, U1, U4, U6	なし	

行動を解析し，目標に近づけるために最も良い行動を選択する必要がある．これは，手段目標分析（MEA: means-ends analysis）と言う．

例題 4.1　表 4.3 の観測事実と表 4.1 の知識に基づいて前向き推論によって結論を導け．

［解答］　表 4.6 は前向き推論を行う過程である．最初に，観測データをワーキングメモリに入れる．それに照合できるルールは，M2 である．ルール U6 の条件部に事実 f1 と f2 が含まれているが，今わかっている事実を全部使っても U6 の条件部を満たすことはできない．ルール U1 と U4 についても同じである．M2 を使用することによって，ワーキングメモリに新しい事実「f6：哺乳動物である」が追加される．更新されたワーキングメモリの内容を満たすルールは，U1 であるため，次のステップには，「f7：有蹄動物である」が新しい事実としてワーキングメモリに追加される．次に，U4 が満たされ，いま見ている動物が「f8：奇蹄動物である」事実が判明される．これでようやくルール U6 の条件部が満たされ，「f9：シマウマである」という結論が追加され，推論は停止される．　□

上の例において，第1回の認識・行動サイクルでは，競合集合に入れるルールはM2だけで，それを実行することによって，直接に見えなかった事実を発見し，それをワーキングメモリに追加する。第2回のサイクルでは，M2もU1も競合集合に入る。競合解消によってU1が選ばれて実行される。M2は，実行しても新しい情報を生み出せないので，再度選ぶ必要がない。同じく，第3回のサイクルにU4，第4回のサイクルにU6が選ばれ，実行される。第5回のサイクルにおいて，実行可能なルールがないので，推論が停止する。

演習問題 4.1 ある動物は以下の特徴がある。1）体毛がある；2）鋭い歯がある；3）鋭い爪がある；4）体は黄土色である；5）体は中ぐらいである。動物分類の知識の表4.1に基づき，表4.6と同じように，この動物の種類を決める推論過程を書け。

4.1.4 前向き推論と探索

　前向き推論は，探索問題に帰着できる。探索グラフの初期ノードはワーキングメモリの初期状態（表4.6を参照）に対応し，目標ノードは，推論が停止するときのワーキングメモリの状態に対応する。現在ノードを展開する際に得られる子ノードの集合は，競合集合にあるルールをそれぞれ実行して得られるワーキングメモリの状態の集合である。もし，競合集合のサイズの平均値はnで，初期ノードから目標ノードにたどり着く平均ステップ数はmであるとすれば，結論を出すための計算量はn^mに比例する。ここで，計算の基本単位はワーキングメモリの更新である。したがって，競合集合にあるルールをすべて調べ尽くすと，前向き推論の効率が非常に悪くなる。

　第2章の内容からわかるように，探索を効率的に行うために，ヒューリスティックを使用する必要がある。ヒューリスティックがあれば，最良優先探索が利用できる。実際，前向き推論を効率的に行うために良く利用されるヒューリスティックは，競合解消方法である。すなわち，競合集合から，最も良さそうなルールを1つだけ選び，それを優先的に実行する方法である。良く知られている競合解消方法は，表4.7に示す **LEX戦略** (lexicographic sort) である。LEX戦略の基本的な考え方は，

1）新しい事実を生み出せないルールを削除すること；

表 4.7 競合解消のための LEX 戦略

1) すでに実行したルールを競合集合から削除する
2) より新しいデータにマッチするルールを選択する
3) 条件部の詳細度が大きいルールを選択する
4) 任意のルールを選択する

2) 推論によってわかった最新事実を優先的に利用すること；
3) 最も具体的な結論が出せるルールを利用すること，

である．明らかに，完璧に競合を解消できれば，一直線に結論が出せる．実際は，これが保障できない．LEX 戦略はあくまでも，探索効率を向上するヒューリスティックであり，推論の過程を制御するためには，(ヒューリスティックの意味で重要と思われる) 状態を Open List に保存し，推論が失敗したときに，バックトラッキングができるようにする必要がある．

例題 4.2 表 4.2 の知識ベースと表 4.4 の観測事実をもとに，前向き推論による病気診断の過程を示せ．

[解答] 推論過程は，表 4.8 にまとめることができる．第 2 回目の認識・行動サイクルでは，B1 と I1 のどちらも観測事実にマッチしているが，LEX 戦略の 3 番目のルールにしたがって，I1 が選ばれ，優先的に実行される．第 3 サイクルでは，B1 と I2 と競合し，LEX 戦略の 2 番目のルールにしたがって I2 が優先される．また，「痰がある」という事実が，最終結論を得るためになくても良いものである．すなわち，最終結論を得るために，すべての観測事実を使用する必要はない． □

演習問題 4.2 ある患者は以下の症状がある．1) 喉が痛い；2) 熱がある；3) 咳が長く続く；4) 痰がある．病気診断の知識の表 4.2 に基づき，この患者の病気を診断する過程を表 4.8 と同じように書け．

面白いことに，探索アルゴリズムを利用して推論を行う場合，観測事実が足りなくても正しく推論が可能である．例えば，表 4.3 の中に，f4 という事実が観測

表 4.8　病気診断の推論過程

推論サイクル	競合集合	選ばれたルール	ワーキングメモリの内容
初期			f1：熱がある f2：熱が高い f3：喉が痛い f4：悪寒を感じる f5：筋肉痛である f6：咳がある f7：痰がある f8：関節痛である
1	C1	C1	f9：風邪の可能性がある
2	C1, B1, I1	I1	f11：インフルエンザの可能性がある
3	C1, B1, I1, I2	I2	f12：インフルエンザである
4	C1, B1, I1, I2	なし	

できなかった場合，「有蹄動物である」の結果を出した後に，本来はそれ以上推論できないはずである．しかし，有蹄動物の結果を出して，その状態からノードを展開すると，たかだか2つの子ノードしかない．すなわち，「偶蹄動物である」と「奇蹄動物である」である．この2つの状態に対応するノードを Open List に入れて，順番に調べていけば，正しい結論が出せる．もちろん，正しい結論を出すためには，観測事実にある程度の冗長性が必要である．

4.1.5　後ろ向き推論

観測事実と知識に基づいて，納得するまで結論を一つずつ導くのが前向き推論である．これに対して，結論を先に予測して，観測事実と知識をもとに検証していくのが，**後ろ向き推論**（backward chaining）である．例えば，医者はある患者を見て，この季節に流行っている病気（例えば，インフルエンザ）の症状を多少確認してから，たいてい結論を予測できる．念のために結論を確かめるためには，後ろ向き推論が使える．この場合，前向き推論よりも推論効率を向上することができる．実際，自動車の整備士，弁護士，探偵なども同じ推論方法を使っている．

表 4.9　動物分類の後ろ向き推論の流れ

ステップ	検証する「仮説」	使用するルール	使用する事実
1	シマウマである	U6	f1, f2
2	奇蹄動物である	U4	f4
3	有蹄動物である	U1	f3
4	哺乳動物	M2	f5

例題 4.3　表 4.3 の事実と表 4.1 の知識をもとにした後ろ向き推論の過程を示せ。

[解答]　表 4.3 の事実が与えられ，ルール U6 の 3 つの条件のうちに 2 つが満たされたので，もしかすると今の動物はシマウマであると考えられる。これを検証するために，U4 で「奇蹄動物である」ことを検証すればよい。そのために，U1 で「有蹄動物である」ことを検証し，さらに，M1 か M2 で「哺乳動物である」ことを検証すればよい。M2 は 5 番目の事実 f5 とマッチするので，今の動物は「シマウマである」ことが検証される。この推論過程は表 4.9 に示されている。　□

以上の例においては，各ステップに確認したい仮説は一つしかないが，一般には複数個あるかもしれない。また，ある仮説を検証するために使用できるルールや事実も複数個あっても構わない。このような場合，後ろ向き推論を表 4.9 のようにまとめることは不可能か難しくなる。この問題を解決するために，**AND-OR ツリー**が利用できる。AND-OR ツリーは，AND ノードと OR ノード有する論理ツリーである。AND ノードは，すべての子ノードの判断が True のときに True の判断を下し，OR ノードは一つ以上の子ノードの判断が True のときに True の判断を下す。例えば，いま見た動物がシマウマであることを確認するための AND-OR ツリーは，図 4.2 に示されている。図の破線丸は AND ノードで，実線丸は OR ノードである。四角は終端ノードで，観測事実に対応する。太線は，観測事実で検証できるノードが True の判断を下したことを示している。

後ろ向き推論は，表 4.10 に従って実装できる。実装プログラムは，一般のツリー構造の走査と同じように，再帰的である。実際，AND-OR ツリーは推論の過程

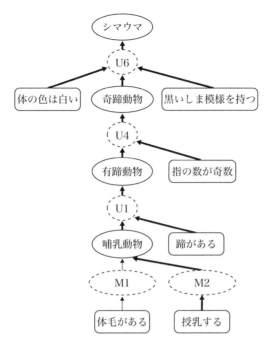

図 4.2　AND-OR ツリーに基づく後ろ向き推論の流れ

表 4.10　後ろ向き推論における仮説検証

Step 1:	知識ベースから，仮説 h を結論とするルールの集合 A を求める。
Step 2:	A は空であれば，False を返す（失敗で終了）。
Step 3:	A にあるルールを返さずに一つ取り出し（重複なし抽出），その条件部に観測事実にマッチしない条件の集合 B を求める。B が空であれば，True を返す（成功で終了）。
Step 4:	B にある条件を一つずつ取り出し，それを新しい仮説として，再帰的に検証を行う。
Step 5:	Step 4 の検証結果がすべて True であれば，True を返す（成功で終了）。そうではなければ，Step 2 に戻す。

で構築されない。AND-OR ツリーはあくまで，推論過程を「可視化」するための道具に過ぎない。また，後ろ向き推論は，与えられた事実から，仮説にしぼって推論ができるので，前向き推論に比べ，より効率的である。ここでは，いかに最初の仮説を正しく立てるかがポイントになる。

演習問題 4.3 病気診断の例について，表 4.4 の事実が与えられたとき，後ろ向き推論を利用して結論を出せ。

4.1.6 前向き推論と後ろ向き推論の融合

通常，事実を与えると，後ろ向き推論の最初の仮説は「最終結論」であることが望ましい。ここで最終結論とは，知識ベースにあるすべての他のルールが，条件として使わない「結論」である。例えば，動物分類の場合，シマウマ，シカ，キツネ，白鳥，ツバメなどは，この例においては最終結論であり，哺乳動物，有蹄動物などは最終結論ではない。実際，最初に与えられた事実は，最終結論を検証するには足りない可能性もある。例えば，表 4.3 の事実の中に，f1 と f2 は観測されなかったとする。この場合，最終結論を仮説にすると，検証は最初から失敗となり，有益な結論は得られない。

この問題を解決するために，最初の仮説を選定する際に，最終結論に限らないで，すべて可能な結論を考慮すればよい。この場合，明らかに，「最終結論に近い結論」を優先的に考慮すべきであるが，ここの「近さ」をどう測るかが問題である。その代わりに，与えられた事実との「**充足度**」(satisfaction degree) をもとに仮説を選ぶのが妥当であろう。あるルール r の充足度は，以下のように定義できる：

$$S(r) = n/N(r) \tag{4.1}$$

ただし，$N(r)$ は r の条件部にある条件の総数で，n は与えられた事実にマッチできる条件の数である。例えば，表 4.3 の事実に対して，表 4.1 のルール U6 の

表 4.11 前向き推論と後ろ向き推論の融合

Step 1:	与えられた事実を部分的に満たすすべてのルールの集合 R を求め，R にあるルールを，充足度にしたがって降順 (descending order) にソートする。
Step 2:	R が空であれば，「結論なし」を出力し，終了する。
Step 3:	R にあるルールを戻さずに一つ取り出し，その結論 h を仮設とし，**後ろ向き推論で検証する**。
Step 4:	Step 3 の検証が成功した場合，もし，与えられた事実の中に，未使用のものが残されていれば，後ろ向き推論過程で検証された仮説をすべてワーキングメモリに入れ，**前向き推論を行い**，最終結論を導く。未使用の事実がなければ，h を結論とし，終了する。Step 3 の検証が失敗した場合，Step 2 に戻る。

充足度は 2/3 である。これによって後ろ向き推論は，表 4.11 のアルゴリズムで実装できる。

4.2 グラフによる知識表現

　以上でプロダクションシステムの基本を紹介した。実際にプロダクションシステムを利用する際に，いくつかの拡張点がある。例えば，各ルールの実行部には，中間結果の「追加」だけではなく，他の操作も考えられる。1つのルールが複数の操作を実行してもよい。また，いままでの推論の例では，事実を与えてから結論を出すことにしぼっていたが，実際は，例えば，ある結論を出すためにはどのような事実を集めればよいか；ある観測事実を満たすすべての結論は何か；などの質問もある。また，結論を出さずに，ある問題の解決方法のヒントだけがほしい場合もある。一般に，知識ベースが与えられた場合，それをもとにさまざまな質問に答える必要がある。このような幅広いニーズに対して，プロダクションシステムで対応できるとしても，必ずしも効率的ではない。

　確かに，プロダクションシステムは，ある程度の知識が揃えば，誰でも設計できるので，使いやすい利点がある。しかし，ルール間の関係が不明確で，知識ベースの内容が体系的な知識になっていないなどの欠点がある。知識をより体系的に表現すれば，より効率的に問題を解決することができる。例えば，いま見ている動物が哺乳動物であるとわかった場合，他の種類の動物（例えば，鳥）に関するルールをそれ以上考慮する必要はない。また，その動物が有蹄動物だとわかった場合には，照合するルールの範囲をさらに狭めることができる。また，体系的知識を使用することによって，推論過程と推論結果の「解釈」(justification あるいは interpretation) も簡単となり，システムの「透明度」(transparency あるいは comprehensibility) を高めることができる。本節で紹介する意味ネットワークとフレームは，このような方法である。

4.2.1　意味ネットワーク

　意味ネットワーク（semantic network）は，知識を体系的に表現する方法である。意味ネットワークの原型は 1909 年にチャールズ・サンダース・パース（Charles S. Peirce）が提案した「存在グラフ」(existential graph) である。1956年に，リチャード・H・リッチンズ（Richard H. Richens）が意味ネットワークを

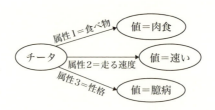

図 4.3　意味ネットワークにおける概念の表現

機械翻訳のために導入した。意味ネットワークは，1960年代に入ってから，ロバート・F・サイモン（Robert F. Simmons），アラン・M・コリンズ（Allan M. Collins）とM・ロス・キリアン（M. Ross Quillian）らによってさらに発展させた。実際，4.2.2項で紹介するフレーム，インターネットでつないでいる世界中のホームページ，ウェブマイニングに注目されているオントロジーなどは，すべて意味ネットワークの改良版であると言っても過言ではない。

　意味ネットワークの基本は，知識ベースを有向グラフの形で表すことである。グラフのノード（node）あるいは頂点（vertex）は概念（concept）を，エッジ（edge）あるいはリンク（link）は概念間の関係を表す。概念はプロダクションシステムのルールの結論に当たる。例えば，哺乳動物，有蹄動物，シカ，ライオン，などは概念である。一般に概念は，物理世界にある物事を概念化（抽象化）したものである。意味ネットワークにおいて，概念は，対象（object），属性（attributes）と属性値（attribute value）によって表現される。概念の属性は，対応するすべての物事が持つ共通の性質あるいは特徴である。例えば，「チータ」という概念は，図4.3のように表現される。

　概念間の関係として，上位と下位関係（Is-a, Instance-of），全体と部分関係（Has-a, Part-of）などがある。例えば，ライオンの上位概念は肉食動物であるので，ライオンのノードから肉食動物のノードへ向かうエッジのラベルは "Is-a" である。ある動物園のライオン「ムサシ」は，ライオンの一例なので，ムサシからライオンへ向かうエッジのラベルは "Instance-of" である。

例題 4.4　前節の表4.1で与えられた知識を意味ネットワークで表せ。

[解答]　　ここで扱う知識は，すべて動物に関連するものなので，最上位の概念を「動物」であるとして，表4.1の知識を意味ネットワークで表現す

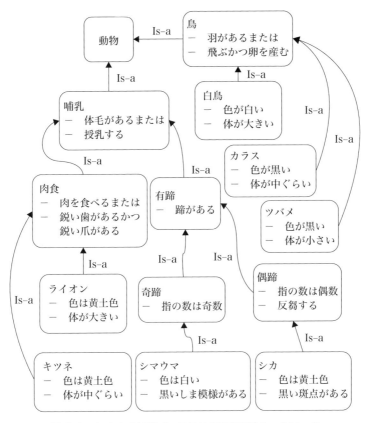

図 4.4 表 4.1 の知識ベースに対応する意味ネットワーク

ると，図 4.4 のようになる。この図でわかるように，知識を意味ネットワークで表すと，知識間の関係が明示的になり，知識の意味がよりわかりやすくなる。

意味ネットワークに基づいて推論を行う際に，例えば，いまの動物が有蹄動物であるとわかったら，有蹄動物に関連する概念だけを考えればよい。したがって，If-Then ルールを集めるだけより，推論効率は高くなるはずである。実際に意味ネットワークに基づいて推論を行うためには，プロダクションシステムと同じように，推論エンジンが必要である。ただし，推論方法は異なる。意味ネットワークに基づく推論は，基本的に「部分ネットワーク」の照合である。例えば，

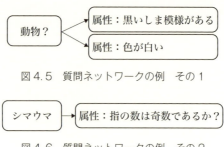

図 4.5 質問ネットワークの例 その 1

図 4.6 質問ネットワークの例 その 2

ある動物は黒いしま模様と白い色との特徴がある場合，図 4.5 のような「**質問ネットワーク**」を作ることができる。この質問ネットワークと図 4.4 の意味ネットワークと照合し，成功したノードを見るだけで，いま見ている動物はシマウマであるとわかる。

また，質問ネットワークは，図 4.6 で与えられた場合，シマウマの属性に指の本数はないが，その親ノードと照合すると，指の本数は奇数であることがわかる。すなわち，ある概念にない属性について質問された場合，その上位概念，さらにその上位概念を調べることによって結論を確認すればよい。これを可能にしたのが「属性の継承」である。**属性の継承**とは，ある概念の属性は，その下位概念にすべて継承されることを意味する。例えば，シカもシマウマも，有蹄動物の属性を持ち，ライオンもキツネも肉食動物の属性を持つ。属性の継承を利用することで，意味ネットワークはさまざまな質問に効率よく答えることができる。

図 4.5 の例において，もし，しま模様という事実の代わりに，ひづめがあると観測されたら，確認すべきノードはシマウマだけではなく，白鳥も含まれる。しかし，白鳥の上位概念を調べると，ひづめがないので，「いまの動物はシマウマである」と判断できる。この意味で，意味ネットワークに基づく推論は，たくさんの観測事実がなくても正しく推論できる。

一般に，質問ネットワークと全体の意味ネットワークとの照合は 1 回で終わることはない。正しく推論するためには，まず与えられた事実を部分的に満たすすべてのノードを求める必要がある。これらのノードを順番に，質問ネットワークと照合することによって最終結論が得られる。推論を効率的に行うために，ノードの優先順位を決める必要がある。プロダクションシステムにおける後ろ向き推論と同じように，ノードの優先順位は**充足度**によって決めることができる。式

(4.2)はノード充足度の定義である。ここで，c はノードに対応する概念であり，他の記号は式（4.1）と同じ意味である。

$$S(c) = n/N(c) \qquad (4.2)$$

意味ネットワークは，知識とその関係を可視化した「概念地図」である。意味ネットワークを利用することで，事実に基づいて結論を出すことはもちろん，その他にもさまざまな質問に答えることができる。例として，体が白い動物は何か（複数解答），シカはひづめがあるか，カラスは飛ぶか，どのような動物が肉を食べるか（複数解答），インフルエンザの症状は何か，気管支炎と肺炎の関係は何か，などが挙げられる。事実に基づく推論は，知識ベースの一つの応用に過ぎない。

演習問題 4.4 前節の病気診断の例に使用した知識ベースに対応する意味ネットワークを描け。

演習問題 4.5 以下の事実が観測されたとする。
- s1：熱がある
- s2：熱が高い
- s3：喉が痛い
- s4：悪寒を感じる
- s5：筋肉痛である
- s6：関節痛である

対応する病気を診断するための「質問ネットワーク」を描け。

演習問題 4.6 演習問題4.4と4.5で描かれた意味ネットワークと質問ネットワークに基づく推論過程を議論せよ。

4.2.2 フレーム

フレーム（frame）は1975年にマービン・ミンスキー（Marvin Minsky）によって提案された知識表現モデルである。フレームは意味ネットワークの拡張である。フレームにおいても，知識ベースは概念と概念間の関係からなる有向グラフで表現されるが，各ノードはフレームの形で定義されるので，さまざまな視点か

表4.12 フレームの例

スロット	値（Value）	種類（Type）
チータ		このフレームのID
Is-a	肉食動物（へのポインタ）	親フレーム
食べ物	肉	属性値
走る速度	速い	属性値
性格	臆病	属性値

ら見ることができる。一つの概念は，一つのフレームに対応する。一つのフレームには，複数の**スロット**があり，それぞれのスロットに対応する概念の属性などが定義される。例えば，チータという概念をフレームの形にすると，表4.12となる。

演習問題 4.7 表4.12と同じように，図4.4の意味ネットワークにある概念を一つ選んで，そのフレームを書け。

　概念とその関係を定義するだけでは，フレームは意味ネットワークとあまり差はない。この場合，フレームは意味ネットワークのもう一つの実装方法である。意味ネットワークにない特徴としては，フレームのスロットに，手続き（関数，メソッド）を埋め込んでもよい点である。手続きは何らかの条件でトリガーされ，事前にわからない知識をその場で導き出し，スロットの中に入れるか，ユーザに提供することができる。手続きを埋め込むことで，フレームは宣言的知識だけでなく，手続き的知識も表現することができる。

　例えば，表4.13のように，「If（体温＞38.5度）Then（熱が高い＝True）」，「If（脈拍数＞95）Then（脈拍数が高い＝True）」などの計算式をもとに手続きを定義し，ある患者のフレームに入れたとしよう。それぞれの観測値が対応するスロットに追加される際に，手続きが自動的に実行され，その結果は対応するスロットに記憶される。

　実際，プロダクションシステムにおいても，手続き的知識を入れることが可能である。例えば，「If（熱が高い かつ 脈拍数が高い）Then（処方箋1を採用する）」という知識の中で，実行部にはもちろん，各条件の判断にも手続きを使用す

表4.13 ある患者のフレーム

スロット	値 (Value)	種類 (Type)
P201503150025		このフレームのID
名前	スモモ　タロウ	文字列
Is-a	Patient	親フレームのID
体温	37.5	属性値
心拍数	82	属性値
血圧	Low＝81, High＝125	属性値
熱が高い	If_added： 体温＞38.5？ True: False	手続き
脈拍数が高い	If_added： 心拍数＞95？ True: False	手続き
血圧が高い	If_added： (血圧.Low＞85 AND 血圧.High＞125)？ True: False	手続き

ることができる．さらに，手続きに学習能力を持たせると，対応する知識が経験によって徐々に改善されることもできる．

　フレームに使われている手続きは「**デーモン**」（daemon）や「エージェント」（agent＝代理人）とも呼ばれる．デーモンは，一定の条件が満たされたときに自動的に実行される．実行条件として，例えば，

- If-needed：関連スロットの値がない状態で参照されたとき，
- If-added：関連スロットに値が追加されたとき，
- If-removed：関連スロットの値が削除されたとき，
- If-changed：関連スロットの値が更新されたとき，

などがある．実際，われわれ人間の脳は，このようなデーモンによって満たれているかもしれない．デーモンたちのお陰でわれわれ人間は想像以上に知的になり，さまざまな難問を無意識に解決できる．フレーム理論の中心課題は，まさに，このような賢いデーモンを作ることであると考えられる．

表 4.14　ある学生のフレーム

スモモジロウ		このフレームの ID
Is-a	Student	親フレーム
名前	スモモ　ジロウ	属性値
学籍番号	S12345678	属性値
英語	If_needed: Get_Score（成績*，名前，英語）	手続き
数学	If_needed: Get_Score（成績，名前，数学）	手続き
文章表現	If_needed: Get_Score（成績，名前，文章表現）	手続き
……	…	
卒業研究	If_needed: Get_Score（成績，名前，卒業研究）	手続き
平均成績	If_changed: Find_Ave（成績，名前）	手続き

*成績はもう一つのフレームである。

演習問題 4.8　ある大学では，年末になると，学生たちの平均成績を算出し，トップの 10 名に対して，奨学金返還を免除する制度がある。学生には各自のフレームがある。表 4.14 は一つの例である。その中で，Get_Score は，指定した学生の，指定した科目の成績を，成績データベース（これもフレームで定義される）から取得する手続きであり，Find_Ave は平均成績を求める手続きである。手続き Get_Score は，参照されるときに起動され，取得した結果を返す。対応する科目の成績の値がすでにある場合，その値を返す。手続き Find_Ave は，任意の科目の成績が変わったあるいは追加されたときに起動され，成績の平均値を求める。問題は，年末になると，学生たちのフレームに基づき，奨学金を返還しなくてもよい学生のリストをどう作るか，である。この問題を解決する方法と，その手順について議論せよ。

4.3　おわりに

　最近，**オントロジー工学**（OE: ontology engineering）が盛んに研究されている。もともとオントロジーは哲学者たちの争点の一つで，「存在論」のことである。その基本は，あらゆる存在を，本質的なものとそれらの派生によるものに分けることである。派生によって得られるものは，たとえ実在に見えるとしても，

オントロジーの観点から無視することができる。オントロジーで認められる存在あるいはそれに対応する概念こそ，宇宙を解釈する真理であると考えられる。

　オントロジー工学（OE）の目的は，宇宙万物の真理を見つけることではなく，ある特定領域に関する知識をしっかり定義し，すなわち，同じ領域にいるさまざまな専門家の知識を「標準化」し，誰でもそれを利活用できるようにすることである［6］。近年，Web ontology language（OWL，この略は頭文字の順番と違う）が考案された。OWL は，簡単に言えば，フレームを構築するための計算機言語である。OWL で作られたフレームは，よくオントロジーと呼ばれているが，厳密に言えばオントロジーではない。ただ，それは，ネットに公開することによって，さまざまな人に共有され，改善されるので，最終的にオントロジーになるのではないかと期待される。しかし，現実にはうまくいかないことが多い。その理由は，フレームの複雑さである。実用的になればなるほど，フレームに含まれる概念が多くなり，その間の関係はとても人間が理解できるものではない。したがって，オントロジーを作ることは，われわれの理想であり，それを実現するよりも，それに向かって努力することが重要である。

第 4 章の参考文献

[1] A. Newell, J. C. Shaw, and H. A. Simon, "Report on a General Problem-Solving Program," Proceedings of the International Conference on Information Processing. pp. 256-264, 1959.
[2] R. K. Lindsay, B. G. Buchanan, E. A. Feigenbaum, and J. Lederberg, *Applications of Artificial Intelligence for Organic Chemistry: The Dendral Project*, McGraw-Hill Book Company, 1980.
[3] A. Newell, *Productions Systems: Models of Control Structures*, Research Showcase at Carnegie Mellon University, 1973.
[4] W. Prinz, "Perception and Action Planning," *European Journal of Cognitive Psychology*, Vol. 9, Issue 2, pp. 129-154, 1997.
[5] C. L. Forgy, "Rete: A Fast Algorithm for the Many Pattern/Many Object Pattern Match Problem," *Artificial Intelligence*, Vol. 19, Issue 1, pp. 17-37, 1982.
[6] 溝口理一郎，オントロジー工学（知の科学）・AI 学会，オーム社，2005.

5 しなやかな知識表現と推論

　第3章において，知識が記号や論理式で表現される。これに基づいてコンピュータも自動的に推論や定理証明などを行うことができる。第4章においては，知識が「標準語」で表現される。ここで標準語とは，概念を表すための，最も適切だと思われる言葉である。しかし現実世界において，同じ概念であってもさまざまな表現があり，固定した標準語や記号だけで上手く推論できないケースが多くある。この問題を解決する方法の一つは，コンピュータに，人間の柔軟性あるいは「しなやかさ」を導入することである。実際，概念の表現方法にさまざまな変化があっても，また，概念自身が一意に定まらなくても，われわれ人間は正しく推論することができる。本章では，しなやかな推論を行うための方法として，ファジィ論理とニューラルネットワークを簡単に紹介する。

5.1　ファジィ論理とファジィルール

　ファジィ（fuzzy）の反対語はクリスプ（crisp）で，前者は曖昧（あいまい），後者は明瞭と日本語に訳すことができる。これまで勉強した命題論理と述語論理はクリスプ論理で，すべての物事に対して，真と偽の判断しかできない。これに対して，**ファジィ論理**は，真と偽以外に，曖昧さを許し，人間らしい判断ができる。本節は，ファジィ論理の定義と記述方法，ファジィ数，ファジィ論理に基づく推論などを紹介する。

5.1.1　ファジィ集合とファジィ論理
　ファジィ論理は，1965年にロトフィ・ザデー（Lotfi Zadeh）により提案され，1974年にマムダニ（E. H. Mamdani）がスチームエンジンの自動制御へ実用化した [1, 2]。1987年に仙台市営地下鉄の自動運転制御に利用され [3]，1990年代日本発のファジィブームとして知られている。

　まず通常の論理と集合を考える。対象領域 D を全体集合 X として，その部分集合 A は，

$$A = \{x | \mu(x) = T \land x \in X\} \tag{5.1}$$

と定義される.ここで,X の任意の元 x(あるいは対象領域 D の任意の個体)が,A に属すかどうかは,はっきりしていて,属すときは真(T),属さないときは偽(F)である.この真と偽を判断する $\mu(x)$ は論理式である.すなわち,任意の $x \in X$ に対して,$\mu(x)$ が真のときに x が A に属し,偽のときに x が A に属さない.$\mu(x)$ は A の**メンバシップ関数**(membership function)と呼ばれる.$\mu(x)$ が論理式なので,当然 $T(=1)$ と $F(=0)$ の2値しかない(コンピュータプログラムにおいて,しばしば $T=1$, $F \neq 1$ とする).2つの集合 A と B の共通集合 $A \cap B$ のメンバシップ関数は $\mu_{A \cap B}(x) = \mu_A(x) \land \mu_B(x)$ で,和集合 $A \cup B$ のメンバシップ関数は $\mu_{A \cup B}(x) = \mu_A(x) \lor \mu_B(x)$ である.A の補集合のメンバシップ関数は $1 - \mu_A(x)$ で求められる.したがって,集合理論と論理は切っても切れない関係がある.

ファジィ集合の場合も同じように考える.ファジィ集合 A のメンバシップ関数 $\mu_A(x)$ の定義域は全体集合の X で,その値域は $[0,1]$ となる.この場合,x が集合 A に属すかどうかははっきり言えないので,A はファジィである.メンバシップ関数 $\mu_A(x)$ は実数値を取るので,通常の論理式ではなく,一般化された論理式と見なすことができる.メンバシップ関数 $\mu_A(x)$ の値がゼロではない x の集合,すなわち $\{x | \mu_A(x) > 0\}$ は,ファジィ集合 A の**サポート**(support)であると言う.ファジィ集合の例として,若い人の集合,お年寄の集合,やさしい人の集合などがある.これらの例において,どの集合も曖昧さがあり,T と F だけでは定義できない.

ファジィ集合の演算は表5.1に示される.表からわかるように,普通集合と同じように,ファジィ集合の演算も,対応するメンバシップ関数(一般化された論理式)の演算によって定義される.これに基づいて,ファジィ集合 A を以下のように記述することもできる:

$$A = \mu_A(x_1)/x_1 + \mu_A(x_2)/x_2 + \cdots + \mu_A(x_N)/x_N = \sum_{i=1}^{N} \mu_A(x_i)/x_i \tag{5.2}$$

ここで,全体集合が $X = \{x_1, x_2, \cdots, x_N\}$ で与えられたとして,/ は分離記号,+ は論理和(すなわち $\lor$)である(割り算と足し算ではない).全体集合が無限の連続空間である場合,$\sum$ は積分記号で置き換えることができる.

表5.1 ファジィ集合の演算（A, Bはファジィ集合である）

演算の意味	集合表記	論理式表記	メンバシップ関数
相等（同値）	$A=B$	$\mu_A(x) \Leftrightarrow \mu_B(x)$	$\mu_A(x) = \mu_B(x)$
包含（含意）	$A \subseteq B$	$\mu_A(x) \Rightarrow \mu_B(x)$	$\mu_A(x) \leq \mu_B(x)$
補集合（否定）	$\overline{A}$	$\neg \mu_A(x)$	$\mu_{\overline{A}}(x) = 1 - \mu_A(x)$
和集合（選言）	$A \cup B$	$\mu_A(x) \vee \mu_B(x)$	$\mu_{A \cup B}(x) = \max\{\mu_A(x), \mu_B(x)\}$
共通集合（連言）	$A \cap B$	$\mu_A(x) \wedge \mu_B(x)$	$\mu_{A \cap B}(x) = \min\{\mu_A(x), \mu_B(x)\}$

例題 5.1 全体集合は$X=\{$まさひろ，つよし，たくや，さぶろう，まさみ$\}$で与えられたとする。$A=$"若い"と$B=$"背が高い"が2つのファジィ集合で，以下のように定義される：

- $A=0.4/$まさひろ$+0.6/$つよし$+0.8/$たくや$+1.0/$さぶろう$+0.9/$まさみ
- $B=0.3/$まさひろ$+0.5/$つよし$+0.9/$たくや$+0.6/$さぶろう$+1.0/$まさみ

この場合，AとBの和集合と共通集合を求めよ。

[解答] 定義より，AとBの和集合$A \cup B$と共通集合$A \cap B$は以下のようになる：

- $A \cup B=0.4/$まさひろ$+0.6/$つよし$+0.9/$たくや$+1.0/$さぶろう$+1.0/$まさみ
- $A \cap B=0.3/$まさひろ$+0.5/$つよし$+0.8/$たくや$+0.6/$さぶろう$+0.9/$まさみ

□

演習問題 5.1 例題5.1に定義されたファジィ集合AとBの補集合を求めよ。

演習問題 5.2 例題5.1に定義されたファジィ集合Aを利用して，ファジィ集合とその補集合の和集合は，全体集合ではない（すなわち，ファジィ論理において，補元律が成立しない）ことを示せ。

表5.2 拡張原理

数直線上の数 x_1, x_2 による2項演算 $x_1 \circ x_2$ を拡張し，ファジィ数 X_1, X_2 の2項演算 $X_1 \circ X_2$ は次のように定義される：

$$C = X_1 \circ X_2 : \mu_{X_1 \cdot X_2}(y) = \sup_{x_1 \cdot x_2 = y} \{\mu_{X_1}(x_1) \wedge \mu_{X_2}(x_2)\} \tag{5.3}$$

ただし，sup は上限（superior）のことである。また，2項演算。は，加法（＋），減法（－），乗法（×），除法（÷）などを意味する。

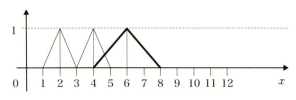

図5.1 ファジィ数2と4の足し算

5.1.2 ファジィ数

ファジィ数 A は数直線上のファジィ集合で，以下の3つの性質を満たす [4]：

- 正規性：$\mu_A(x)=1$ となる x が1つ存在する。
- 有界性：A のサポート $\{x \mid \mu_A(x) > 0\}$ が有界（bounded）である。
- 連続性：A の **α-cut** $\{x \mid \mu_A(x) \geq \alpha\}$ が閉空間である。

ファジィ数の例として，会津若松から仙台までは約200 km の距離があり，電車で行く場合約2時間かかり，料金は約1万円，などがある。ファジィ数の計算を行うために，表5.2の**拡張原理**がある。

例題5.2 ファジィ数2と4のメンバシップ関数が図5.1のように三角関数で与えられたとして，その和を求めよ。

[解答] ファジィ数2と4の和はファジィ数6である。式 (5.3) に従って計算し，得られたファジィ数6のメンバシップ関数は同じ三角関数となり，図5.1の太線で示される。ただ，その幅は2倍広くなる。すなわち，ファジィ数の計算結果はより曖昧となる。□

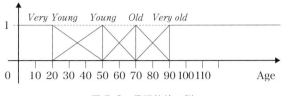

図 5.2 言語的値の例

演習問題 5.3 ファジィ数 2 と 4 のメンバシップ関数が図 5.1 で与えられたとする。拡張原理をもとに，ファジィ数 4 引くファジィ数 2 のメンバシップ関数を求めよ。

ファジィ数に「約」を付けることによってわかりやすくなる場合もあるが，その数は明らかに物理的意味がある場合，より自然言語らしくすることができる。例えば，お風呂の中の湯が熱い，ぬるい，ちょうどよいなどは，約 44 度，約 35 度，約 40 度よりもわかりやすい。このような言葉的表現は，ファジィ数の「**言語的値**」(linguistic value) と言い，ファジィ推論において良く使用される。

図 5.2 は，年齢に対応する言語的値の例である。この例において，年齢は *Very young, Young, Old, Very old* の 4 段階に分けている。それぞれの言語的値は，1 つのファジィ数であり，三角形のメンバシップ関数で定義される。ファジィ論理において，メンバシップ関数の形はしばしば三角形と仮定する。理論的には，三角形は最適である保証がないが，便利なので良く使用される。

言語的値は，通常，ある測定量（温度，血圧など）を利用して何かを判断するときに利用される「参考値」である。理論的には，任意の言語的値に対して，そのメンバシップ関数を観測データに基づいて求めなければならない。しかし，もともとファジィ論理は最適を追及するより，難しい問題を人間らしく，しなやかに解決することに重点を置いているので，多くの場合，三角形のメンバシップ関数で十分間に合う。

5.1.3 ファジィルール

知識あるいはルールを，ファジィ論理で表現すると，命題論理や述語論理よりもわかりやすくなる場合がある。一般に，**ファジィルール**は，以下のように記述される：

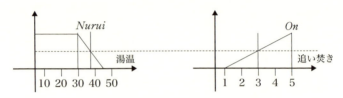

図 5.3 *Nurui* と *On* のメンバシップ関数

$$\text{If } (x_1 = F_1 \wedge x_2 = F_2 \wedge \cdots \wedge x_N = F_N) \text{ Then } (y = B) \tag{5.4}$$

ただし，$x_i (i=1,2,\cdots,N)$ は i 番目の特徴，y が結論，F_i と B はそれぞれ x_i と y が取るべき言語的値である．

ファジィルールの意味を理解するために，風呂の温度制御を考えよ．この場合，以下のルールが使える：

$$\text{If } (\textit{Temperature} = \textit{Nurui}) \text{ Then } (\textit{Oidaki} = \textit{On}).$$

ここで，*Nurui*（ぬるい）と *On* はそれぞれ湯の温度と追い焚き強度の言語的値で，対応するメンバシップ関数は図 5.3 のように定義することができる．上記のルールは，「温度がぬるい状態になると，追い焚きをする」という直感的知識に一致する．例えば，温度は 38℃ になったとして，この値を *Nurui* のメンバシップ関数に代入すると，5 段階の中で 3 番目の強度で追い焚きせよ，という制御命令を下すことができる．図からもわかるように，温度がより低ければ，追い焚きをより強くする．したがって，ファジィルールに基づく推論が直観的で，わかりやすい，と考えられる．

5.1.4 ファジィ推論

一般に，ルールの数を K，各ルールの条件部に使用される特徴数が N とする．また，k 番目のルールは，以下のように与えられるとする：

$$R_k : \text{If } (x_1 = F_{k1} \wedge x_2 = F_{k2} \wedge \cdots \wedge x_N = F_{kN}) \text{ Then } (y = B_k), k = 1, 2, \cdots, K \tag{5.5}$$

この場合，ある観測に対して，異なるルールによって異なる判断が下されるので，出力の y がどのルールに従ってどの値を取るべきなのか，問題となる．通常の推論においては，条件部がマッチできるすべてのルール（競合集合）の中で 1 つだ

表 5.3 マムダニのファジィ推論

Step 1:推論の最終結果はファジィ数 B^* であるとする。B^* のメンバシップ関数を以下のように求める：

$$\mu_{B^*}(y) = \mu_{R_1}(x,y) \vee \mu_{R_2}(x,y) \vee \cdots \vee \mu_{R_K}(x,y) \tag{5.6}$$

ただし，$x=(x_1, x_2, \cdots, x_N)^T$ と y はそれぞれ入力（既知）と出力（未知）であり，$\mu_{R_k}(x,y)$ は $k(k=1, 2, \cdots, K)$ 番目のルールのメンバシップ関数で，以下のように定義される：

$$\mu_{R_k}(x,y) = S(R_k) \wedge \mu_{B_k}(y) \tag{5.7}$$

ただし，$S(R_k)$ は，現在の入力（観測値）が，k 番目のルールにどれくらいマッチしているかを計る「**類似度**」（similarity）であり，以下のように求める：

$$S(R_k) = \mu_{F_{k1}}(x_1) \wedge \mu_{F_{k2}}(x_2) \wedge \cdots \wedge \mu_{F_{kN}}(x_N) \tag{5.8}$$

Step 2:入力 $x=(x_1, x_2, \cdots, x_N)^T$ に対する最終出力は以下の式で求める：

$$b^* = \frac{\int_Y y \times \mu_{B^*}(y) dy}{\int_Y \mu_{B^*}(y) dy}. \tag{5.9}$$

けを選び（衝突解消），それを実行するが，**ファジィ推論**においては，すべてのルールを利用して最終結論を求める。最終結論を求める方法の一つとして，表 5.3 のマムダニのファジィ推論方法がある。以下，これについて説明する。

式 (5.7) で与えられた k 番目のルールのメンバシップ関数は，このルールが推奨する出力 B_k のメンバシップ関数に，式 (5.8) で求めた類似度で重みをかけたものである。式 (5.6) で与えられた最終出力のメンバシップ関数は，すべてのルールが推奨する出力の重み付き和であると解釈できる。論理和なので，最もマッチしているルールの推奨値は最も重要視される。また，式 (5.9) で得られる推論結果は，B^* のメンバシップ関数の重心である。重心の代わりに，中央値，最大値などを使うこともできる。Step 2 は，ファジィ結果の具現化で，**非ファジィ化**（de-fuzzification）とも言われる。

例題 5.3 日本の道路構造令の第 15 条は，日本の道路を造る際の，カーブの曲線半径と設計速度との関係を定めている [5]。車道の屈曲部のうち緩和区間を除いた部分（以下「車道の曲線部」と言う）の中心線の曲線半径は，当該道路の設計速度に応じ，表 5.4 に示している値以上とする

表 5.4 道路構造令第 15 条の抜粋

設計速度（km/h）	曲線半径（m）
120	710
100	460
80	280
60	150
50	100

ものとする（地形の状況その他の理由によりやむを得ない箇所については値を適切に縮小することができる）．この表によれば，一般道路（最高速度 60 km/h）では，曲線半径 150 m 以上，高速道路（最高速度 100 km/h）では，曲線半径 460 m 以上で設計されている．これに基づいて，カーブ時の自動車速度のファジィ制御を考えよ．

[解答] いま道路を走る車が，カーブのところでそのまま走るか，ブレーキを軽く踏むか，ブレーキを強く踏むか，によって速度を制御することを考える．制御システムの入力は，車の速度 v とカーブの曲線半径 r である．速度は遅い，普通，やや速い，速いとの 4 レベルに分ける．カーブは曲線半径によってゆるい，普通，急，との 3 段階に分ける．速度，カーブ，ブレーキの踏み方のメンバシップ関数は，図 5.4 の (a)-(c) に示されている．

車が遅いときは，ほとんどのカーブに対してそのまま通過できるので，速度制御に関係ないと考えることができる．速度制御に関係のある各言語的値の関係は，表 5.5 に示される．この表をもとに，以下のファジィルールを作ることができる．

R_1: If ($v=$ 普通　　 $\wedge r=$ 急　) Then ($B=$ 軽く踏む)
R_2: If ($v=$ やや速い $\wedge r=$ 急　) Then ($B=$ 軽く踏む)
R_3: If ($v=$ 速い　　 $\wedge r=$ 普通) Then ($B=$ 軽く踏む)
R_4: If ($v=$ 速い　　 $\wedge r=$ 急　) Then ($B=$ 強く踏む)

例として，$v=65$ km，$r=90$ m とし，このとき車をどれくらい減速

表5.5 速度,カーブ,ブレーキの関係

速度	カーブ（半径）	ブレーキの踏み方
普通	ゆるい	そのまま
普通	普通	そのまま
普通	**急**	**軽く踏む**
やや速い	ゆるい	そのまま
やや速い	普通	そのまま
やや速い	**急**	**軽く踏む**
速い	ゆるい	そのまま
速い	**普通**	**軽く踏む**
速い	**急**	**強く踏む**

すべきかを考えよう。上の図を見るとわかるように,速度はやや速い,カーブは急と考えることができるので,ルール R_2 をもとに,ブレーキを軽く踏むと判断できる。しかし,具体的にどれくらい減速すべきか,R_2 だけでは解答できない。以下,マムダニのファジィ推論方法を利用して解を求める。

Step 1：まず,与えられた入力が,各ルールの条件にどれくらい類似しているかを求める。

$S(R_1) = \min(\mu_{普通}(65), \mu_{急}(90)) = \min(0, 0.8) = 0$
$S(R_2) = \min(\mu_{やや速い}(65), \mu_{急}(90)) = \min(0.75, 0.8) = 0.75$
$S(R_3) = \min(\mu_{速い}(65), \mu_{普通}(90)) = \min(0.25, 0.2) = 0.20$
$S(R_4) = \min(\mu_{速い}(65), \mu_{急}(90)) = \min(0.25, 0.8) = 0.25$

これによって最終出力 B^* のメンバシップ関数を求め,以下のようになる：

$\mu_{B^*}(y) = \max[\min(0.75, \mu_{軽く踏む}(y)), \min(0.25, \mu_{強く踏む}(y))]$

これは,図5.4の (d) に示される。

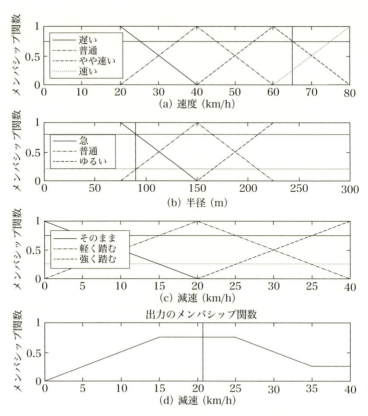

図 5.4 上から順に：(a) 速度に関する言語的値のメンバシップ関数，(b) 半径あるいはカーブに関する言語的値のメンバシップ関数，(c) ブレーキ（減速）の言語的値のメンバシップ関数，(d) ファジィ推論によって得られた出力のメンバシップ関数の最終結果

> Step 2：B^* のメンバシップ関数の重心 b^* は，減速すべき量である。式 (5.9) で計算した結果，$b^*=20.7$ となる。すなわち，時速をおよそ 21 km 減らして，このカーブを通過すれば，安全運転につながると考えられる。 □

以上の例は，あくまでファジィ推論を説明するためのものであり，実際とは異なる。ファジィ推論を実際の自動車制御に利用する際に，地面の摩擦力，天気，風，道路の幅，など，さまざまな要素を考慮しなければならない。

演習問題 5.4 図 5.4 に示されている速度に関する言語的値のメンバシップ関数を，式で書け。また，速度が時速 65 km に対して，それぞれの言語的値のメンバシップ関数値を求めよ。

演習問題 5.5 例題 5.3 において，$v=70$ km/h で，$r=90$ m の場合，出力のメンバシップ関数を求めよ。これをもとに，どれくらい減速すべきかを議論せよ。

5.2 ニューラルネットワーク

ニューラルネットワーク（NN: neural network），すなわち，神経回路網は，もともと生物の体中に張られているセンサーネットワーク（SN: sensor network）である。このネットワークは，外部環境から，画像，音，匂い，味，熱さ，重さなど，さまざまな情報を取り入れ，それを処理し，「母体が」生存するために必要とされる反応を取るように筋肉などの関連部位に指令を出す。人間などの高等動物の場合，体に張られる神経回路を取りまとめる司令部として，「脳」という中央処理装置（CPU: central processing unit）がある。本書において，生物系については検討しないので，ニューラルネットワーク（NN）と言えば，人工のものを指す。AI において，NN は知識を学習する基本モデルになっている。NN と言ってもさまざまなモデルがあり，本節では，基本として，単一ニューロン，階層型 NN 及びそれに基づく推論を紹介する。

5.2.1 単一ニューロンの仕組み

工学的には，一つのニューロンも特殊の問題を解決できる。情報処理の言葉で言えば，一つのニューロンも特殊の情報を検出することができる。そもそもニューロンとは何か，それがどのような情報検出をするのか，などについては，以下で詳しく説明する。

図 5.5 は，バイオニューロンの構成図である。ニューロンは，基本的に細胞体（soma），核（nucleus），軸索（axon），樹状突起（dendrites）から構成される。細胞体は，このニューロンの CPU である。核は，ニューロンの再生（遺伝）情報の持ち主である。信号は，他のニューロンから，樹状突起を通して細胞体に集められる。入力された信号は，細胞体の中で空間的に時間的に集積される。細胞体内の電位がある閾値を超えると，ニューロンはパルスを出力する。そして，その

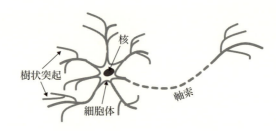

図 5.5 バイオニューロンの構成図

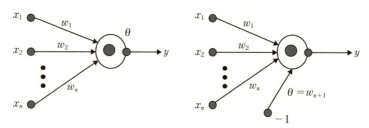

図 5.6 マカロック-ピッツモデル（左）とその拡張モデル（右）

パルスは軸索によって他のニューロンに伝えられる。すべてのニューロンがこのように簡単な操作しかできないのに，われわれの脳はさまざまなこと（例えば，本を書くこと，本を読むことなど）ができる。

図 5.5 には描いていないが，各樹状突起には，シナプス（synapse）というものがある。このシナプスは，ソフトスイッチのようなものであり，入力信号の大きさを制御することができる。大雑把に，シナプスは**興奮性シナプス**（excitatory synapse）と**抑制性シナプス**（inhibitory synapse）に分けられる。入力信号は前者を通るとニューロンを活性化し，後者を通るとニューロンを休ませる。

ニューロンの最初の数理モデルとして，マカロック-ピッツモデルがある。このモデルは，1943 年にアメリカの神経科学者ウォーレン・スタージス・マカロック（Warren Sturgis McCulloch）とウォルター・ピッツ（Walter J. Pitts）によって提案された [6]。図 5.6 の左図は，マカロック-ピッツモデルを図で示したものである。このモデルによると，ニューロンが，多入力一出力（multi-input-single-output）のシステムであり，以下の式で表すことができる：

$$y = g(u) = \begin{cases} 1 & if \ u \geq 0 \\ 0 & otherwise \end{cases} \tag{5.10a}$$

$$u = \sum_{i=1}^{n} w_i x_i - \theta \tag{5.10b}$$

ただし，g は**活性化関数**（activation function），u は**効果的入力**（effective input），θ はニューロンを活性化させるための**閾値**（threshold）あるいは**バイアス**（bias），w_i はシナプスの役割をする**結合荷重**（connection weight）あるいは重み係数である．このモデルは，バイオニューロンを簡単化したもので，その出力が，パルスではなく，次の入力が来るまでに 0 か 1 である．ニューロンを純粋に計算素子として考えた場合，閾値は一つの結合荷重とみなし，対応する入力は定数-1となる．これは**拡張ニューロンモデル**（augmented neuron model）で，図5.6の右図で示される．

式 (5.10a) からわかるように，効果的入力は，0 以上であればニューロンが 1 を出力し，そうではなければ 0 を出力する．実際，式 (5.10b) は入力パターンの一次関数，あるいは一つの超平面を定義し，式 (5.10a) はある「概念」を認識するための判別式である．すなわち，入力 **x** に対して，式 (5.10a) の結果が 1 であれば **x** がこのニューロンに対応する概念に属し，そうではなければ，属さない．したがって，一つのニューロンは，一つのルールあるいは知識を定義し，そのルールによってさまざまな入力から特定の概念を検出することができる．

例題 5.4 図 5.7 は，平面上にある 2 種類のパターンを示している．パターンの座標は，以下のように与えられる：

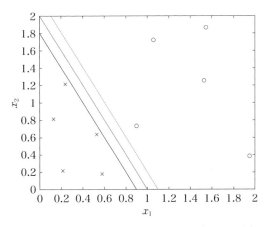

図 5.7 単一ニューロンで解決できる分類問題の例

クラス 1 (×)	x_1 0.5500	0.2388	0.5296	0.2116	0.1272
	x_2 0.1822	1.2146	0.6361	0.2194	0.8092
クラス 2 (○)	x_1 0.8967	1.5270	1.5440	1.9455	1.0607
	x_2 0.7316	1.2558	1.8657	0.3841	1.7223

これらのパターンを分類する問題を考えよう．図に示しているように，パターンをすべて正しく分類できる（境界）線は，$(1,0)$ と $(0,2)$ の2点を通過する．この問題を単一ニューロンで解決するために，ニューロンの結合荷重と閾値を与えよ．

[解答]　与えられた条件から，2種類のパターンの間の境界線の方程式は以下のようになる：

$$x_2 = -2x_1 + 2 \quad or \quad 2x_1 + x_2 - 2 = 0$$

したがって，$w_1=2, w_2=1, \theta=2$ とすれば，式 (5.10a) を使って2種類のパターンを正しく分類することができる．この場合，境界線の左にあるパターンが入力された場合，$y=0$ となり，右のパターンが入力された場合は $y=1$ となる．　□

演習問題 5.6　例題 5.4 において，2種類のパターンを分類することができる境界線は一本に限らない．図 5.7 に他の2本の境界線も描いてある．これを参考に，例題 5.4 の解答と異なる解を一つ与えよ．

以上の例題からわかるように，所望の知識を表すためには，ニューロンの結合荷重と閾値を決める必要がある．結合荷重と閾値を決める過程は学習である．学習の詳細について第6章と第7章で紹介するが，ここではニューロンの基本知識だけを紹介する．

式 (5.10a) において，活性化関数 g はステップ関数で，$u=0$ では微分不可能である．しかし，ニューロンの学習を行うために，しばしば微分操作が必要である．このような場合には，性化関数として，ステップ関数ではなく，以下の連続関数 s_b または s_u を選ぶと便利である：

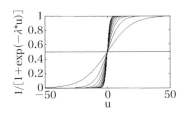

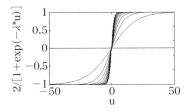

図 5.8 連続活性化関数の例(上:uni-polar;下:bi-polar)

$$g(u) = s_u(u) = \frac{1}{1+\exp(-\lambda u)} = \frac{\tanh(\lambda u/2)-1}{2} \qquad (5.11)$$

$$g(u) = s_b(u) = \frac{2}{1+\exp(-\lambda u)} - 1 = \tanh(\lambda u/2) \qquad (5.12)$$

ただし,s_u と s_b は,それぞれロジスティック関数(logistic function)と双曲線関数(hyperbolic function)である。ニューラルネットワークの分野において,s_u と s_b はそれぞれ単極(uni-polar)と 2 極(bi-polar)**シグモイド関数**(sigmoid function)とも呼ばれる。図 5.8 は λ が異なる値を取るときに描かれたシグモイド関数のグラフである。その中で,λ が無限大に接近するときに,どちらの関数もステップ関数となる。

5.2.2 多層ニューラルネットワーク

例題 5.4 からもわかるように,一つのニューロンを使えば,**線形分離可能**なパターンを分類することができる。ニューロンの数を増やせば,複数の線型分離可能問題を同時に解決することができる。しかし,線型分離不可能,すなわち,非線形な問題はニューロン数を増やすだけでは解決できない [7]。非線形問題を解決するために,ニューロンを階層的に並べる方法がある。ニューロンを階層的に並べることによって得られるニューラルネットワークは通常**多層パーセプトロン**(MLP: multilayer perceptron)と呼ばれる。

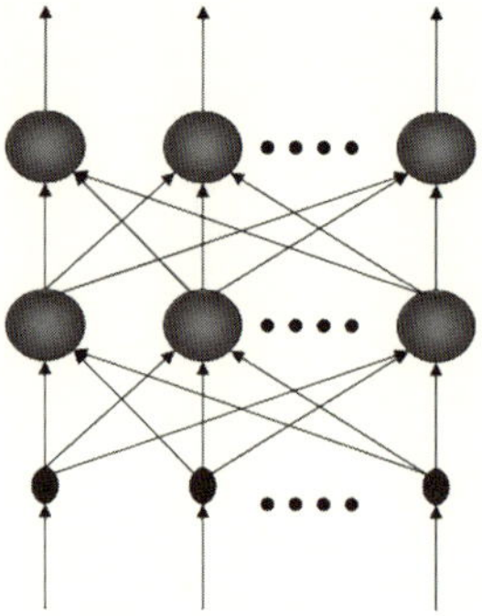

図5.9 多層パーセプトロンの構造

　一般に，MLPは一つの入力層（input layer），一つの出力層（output layer），一つ以上の中間層（internal layer）から構成される。図5.9は一つの中間層を持つMLPの基本構造を示す。実際，入力素子はニューロンではなく，データを一時的に保存するバッファである。中間素子と出力素子は本当のニューロンである。ニューラルネットワークの分野において，中間層は，**隠れ層**（hidden layer）とも呼ばれる。

　MLPの入力素子の数は，入力データの次元あるいは特徴の数に対応する。出力素子の数は，通常，このネットワークで表現したい概念の数に等しい。例えば，MLPを使って10種類のパターンを分類する問題を解決する場合，出力素子の数を10に設定することができる。中間素子（あるいは**隠れニューロン**）の数は解決したい問題の複雑さに依存し，交差検証などの方法で決める必要がある。

　MLPにおいて，一つのニューロンが一つの概念あるいは知識を表す。出力層のニューロンに対応する概念 $C_1, C_2, \cdots, C_N$ は通常明示的に定義することができる。中間層のニューロンに対応する概念は，$C_1, C_2, \cdots, C_N$ を表現するために使用される隠れ要因（latent factor）であり，学習によって獲得する必要がある。

5.2.3　多層パーセプトロンによる推論

　多くの場合，多層パーセプトロン（MLP）を使用する際に，中間層ニューロンは解釈されずにただの計算素子として利用される。この場合，任意の入力 **x** に対して，推論は表5.6のように行われる。表5.6において，ネットワークの階層数は $K>2$ として，$N_k, \mathbf{y}^k = [y_1^k, y_2^k, \cdots, y_{N_k}^k]^T, W^k = [w_{ij}^k]_{N_k \times N_{k-1}}, \theta^k = [\theta_1^k, \theta_2^k, \cdots, \theta_{N_k}^k]^T$ は，それぞれ階層 k の要素数，出力ベクトル，結合荷重行列，閾値ベクトルであ

表5.6 多層パーセプトロン（MLP）の前向き推論

Step 1	入力層を階層0として，$\mathbf{y}^0=\mathbf{x}$, $k=1$ とする。
Step 2	以下の式を使って，階層 k にあるニューロンの出力を階層 $k-1$ の出力をもとに計算する：

$$u_i^k = \sum_{j=1}^{N_{k-1}} w_{ij}^k y_j^{k-1} - \theta_i^k, \quad i = 1, 2, \cdots, N_k \tag{5.13}$$

$$y_i^k = g(u_i^k), \quad i = 1, 2, \cdots, N_k \tag{5.14}$$

Step 3	$k<K$ であれば，$k=k+1$ として，Step 2 に戻る。そうではなければ，終了する。

る。ただし，$\mathbf{y}^0$ は，入力 $\mathbf{x}$ で，$\mathbf{y}^K$ は最終出力である。

例えば，MLPを利用してパターン分類問題を解決する場合，任意の入力 $\mathbf{x}$ に対して，j 番目の出力が最も大きければ，$\mathbf{x}$ が j 番目のクラスに分類することができる。表5.6は，MLPをブラックボックスとして利用する際の手順を示す。例えば，理由はともかく，結論だけをはやく知りたいとき，あるいは，データ変換を行い，その結果だけを計算したいときに，表5.6のように利用することができる。この意味では，表5.6はただの計算過程であり，推論過程ではないとも言える。

MLPの計算過程を推論過程にするためには，その過程を解釈（interpret）し，検証（justify）できるようにする必要がある。MLPを解釈する手法を大別すると，教育的手法（pedagogical）と分解的手法（decompositional）がある [8]。前者は，MLPの入出力関係に着目し，同じ入出力関係となるように，論理式やルール集合などのモデルを求める方法である。後者は，MLPにあるすべてのニューロンを直接に論理式などのモデルで解釈する方法である。

教育的手法で得られた論理式は，与えられたデータに関して，元のMLPと同じ振る舞いをするが，それ以外のデータに関しては，同じようになる保証がない。分解的手法を使う場合，MLPを厳密に解釈することができる。しかし，分解的手法をそのまま使うと，計算量が大きく，複雑なMLPを解釈することが難しい。例えば，入力が n 次元の2進数ベクトルである場合，ニューロンをブール代数の式で解釈するための計算量は 2^n に比例する。入力が実数値であれば，問題はより深刻となる。

以上の問題を解決するために，各ニューロンを以下のように，プロダクションルールに変換することができる [9, 10]：

表5.7 ワーキングメモリの例

データ名	データの意味	データタイプ	データの値	時刻
x_1	体温	連続	38.0	0
x_2	せき	離散	1	0
y_1^1	隠れ要因1	離散	1	1
y_1^2	隠れ要因2	離散	-1	1
y_2^1	風邪	離散	1	2
y_2^2	気管支炎	離散	1	2

$$\text{If } |y_i^k(\mathbf{x}_v)| > T_i^k \quad \text{Then} \quad \text{ワーキングメモリに一行追加する} \qquad (5.15)$$

ただし,y_i^kはk階層のi番目のニューロンの出力であり,T_i^kは閾値で,$(0,1)$にある実数である.また,ニューロンの活性化関数は2極シグモイド関数であるとする.ワーキングメモリは,表5.7のようになる.

最初に,MLPの各入力をワーキングメモリに入れる.第一階層のニューロンが各自の入力をもとに出力を求め,その出力の絶対値がある閾値よりも大きければ,そのニューロンが「**察知状態**」(state of awareness)にあると言い,ワーキングメモリに一行を追加する.出力の絶対値がゼロに近い場合,ニューロンが「**無反応状態**」(state of unawareness)にあると言い,何もしない.一般に,第$k(k>2)$階層について,同じ操作を行う.$k=K$になったら,結論がワーキングメモリに追加され,推論が終了する.

以上のように,MLPの計算過程をエキスパートシステムの前向き推論に変換することができる.結論を出した後,ワーキングメモリの内容を追跡し,分析することによって推論過程を検証することができる.すなわち,どのような「要因」でこの結論に至ったのか,その要因の意味が何か,などについて,後で確認することができる.推論の途中で無反応状態となったニューロンが推論に貢献しないので,無視される.これによって,結論を導いた本当の要因を見つけることができる.

また,隠れ要因の物理的意味について,学習する段階で決めることができる.例えば,専門家の知識から,「風邪」になる要因は,「温度調節機能の低下」など

表 5.8 XOR の真理値表

入力 x_1	入力 x_2	出力 $x_1 \oplus x_2$
-1	-1	-1
-1	1	1
1	-1	1
1	1	-1

表 5.9 XOR 問題を解決できる MLP の一例

	結合荷重 1	結合荷重 2	閾値
隠れニューロン 1	-0.44280	0.41387	0.07437
隠れニューロン 2	0.96318	-0.52348	0.97266
出力ニューロン	1.23137	1.31276	-0.74332

であるとして,学習の段階でそれを教師信号として取り入れることができる.専門家知識が得られない場合は,大量の観測事実をもとに,各隠れニューロンの「察知範囲」(region of awareness) を決め,それをアイコン (icon) の形で表現することができる.ここでアイコンは,漢字のようなもので,概念を視覚的に表現するものである.いずれの場合でも,われわれがワーキングメモリの内容をもとに,推論過程を検証することができる(詳しくは,文献 [9, 10] と関連する研究を参照のこと).

例題 5.5 多層パーセプトロン (MLP) の働きを示すために,XOR 問題がよく使われる.XOR とは,exclusive OR のことで,その真理値表は表 5.8 で与える.ここで,便利のために,真と偽はそれぞれ 1 と -1 で表される.XOR 問題を MLP で解決するために,入力層に 2 個,隠れ層に 2 個,出力層に 1 個の素子が必要である.表 5.9 は,XOR 問題を解決できる MLP のパラメータである.この MLP を解釈せよ.

[解答] すべての入力パターンに対して,MLP の出力を求めると,表 5.10 のようになる.ここで,ニューロンの出力が以下のように 3 値に離散化されている:

表 5.10 MLP の各ニューロンの出力

x_1	x_2	y_1^1	y_2^1	y^2
-1	-1	0	-1	-1
-1	1	<u>1</u>	-1	1
1	-1	-1	<u>1</u>	1
1	1	0	-1	-1

$$y = \begin{cases} 1 & if \quad g(u) \geq 0.5 \\ 0 & if \quad -0.5 \leq g(u) < 0.5 \\ -1 & if \quad g(u) < -0.5 \end{cases} \quad (5.16)$$

ただし，$g(u)$ は式 (5.12) で定義される二極シグモイド関数である ($\lambda=1$)．また，出力 0 は「無反応」と解釈される．表 5.10 によると，隠れニューロン 1 が $y_1^1=\{(-1,1)\}=\overline{x_1}\wedge x_2$，隠れニューロン 2 が，$y_2^1=\{(1,-1)\}=x_1\wedge\overline{x_2}$ のようにそれぞれ論理式で表すことができる．これをもとに出力ニューロンが以下のようになる：

$$\begin{aligned}
y^2 &= (\overline{y_1^1}\wedge y_1^2)\vee(y_1^1\wedge\overline{y_2^1}) \\
&= [(\overline{\overline{x_1}\wedge x_2})\wedge(x_1\wedge\overline{x_2})]\vee[(\overline{x_1}\wedge x_2)\wedge(\overline{x_1\wedge\overline{x_2}})] \\
&= [(x_1\vee\overline{x_2})\wedge(x_1\wedge\overline{x_2})]\vee[(\overline{x_1}\wedge x_2)\wedge(\overline{x_1}\vee x_2)] \\
&= (x_1\wedge\overline{x_2})\vee(\overline{x_1}\wedge x_2) \\
&= x_1\oplus x_2.
\end{aligned}$$

以上のような解釈方法は，MLP の規模が大きくなると大変難しくなる．その代わりに，各ニューロンをプロダクションルールに直すと解釈しやすくなる．例えば，$(-1,-1)$ が入力された場合，一番目の隠れニューロンが無反応で，二番目の隠れニューロンが負の反応をし，その次，出力ニューロンが偽となる．ワーキングメモリの内容は，表 5.11 のようになる．システムの判断は，以下のように解釈できる．すなわち，隠れニューロン 1 が何も主張しなければ，出力ニューロンが隠れニューロン 2 の判断に従う．

次に，$(-1,1)$ が入力された場合，一番目の隠れニューロンが真と

表 5.11 $(-1, -1)$ に対するワーキングメモリの内容

データ名	データの意味	データタイプ	データの値	時刻
x_1	第1入力	2値	-1	0
x_2	第2入力	2値	-1	0
y_2^1	隠れ要因2	3値	-1	1
y^2	出力	3値	-1	2

表 5.12 $(-1, 1)$ に対するワーキングメモリの内容

データ名	データの意味	データタイプ	データの値	時刻
x_1	第1入力	2値	-1	0
x_2	第2入力	2値	1	0
y_1^1	隠れ要因1	3値	1	1
y_2^1	隠れ要因2	3値	-1	1
y^2	出力	3値	1	2

なり，そのときに出力ニューロンも真となる．対応するワーキングメモリの内容は表5.12に示す．このとき，システムの判断は，以下のように解釈できる．すなわち，隠れニューロン1と隠れニューロン2の主張が異なる場合，出力ニューロンが真となる．このように，各ニューロンをプロダクションルールで表すと，ワーキングメモリの内容で推論の意味を推測・確認することができる． □

演習問題 5.7 例題5.5について，$(1, -1)$ と $(1, 1)$ が入力された場合，表5.10を参考に，ワーキングメモリの内容を表5.11あるいは表5.12と同じようにまとめ，それをもとに，システムの判断を解釈せよ．

5.3 おわりに

本章では，人間のように，曖昧で，不完全な知識などをもとに，しなやかに推論できる方法を2つ紹介した．そのなかで，ファジィ論理に基づく推論は，1990年後半からさまざまな問題の解決に応用され，その実用性が確認されている．近

年，ファジィ論理が純粋の理論として研究され，通常の論理と同じようにしっかりした理論体系が構築されている．本書で紹介したのはファジィ理論の一部にすぎない．最近，第2種ファジィ (type-2 fuzzy theory) と呼ばれる理論が盛んに議論されている．簡単に言えば，第2種のファジィと第1種のファジィと異なるところは，メンバシップ関数の値にさらに曖昧さを導入する点である．これによってファジィ論理はカバーできる問題が広がると期待されている．ファジィ論理に関する最新動向については，参考文献を参照されたい [11]．

また，ニューラルネットワーク (NN) に基づく知識獲得は，1980年代から盛んに検討されたが，今世紀になってから一度下火になっていた．最近，ビッグデータに基づく深層学習の著しい進展で NN の重要性が再度認識されている．しかし，ほとんどの場合には NN がブラックボックスの形で利用されている．このままでは，人工知能が暴走したとしてもわれわれ人間は何もできず，大変無責任なことである．したがって，大規模な NN に基づく推論の解釈と検証が大変重要であり，これから注目すべき課題である．

第5章の参考文献

[1] L. A. Zadeh, "Fuzzy Sets," *Information and Control*, Vol. 8, pp. 338-352, 1965.
[2] E. H. Mamdani and S. Assilian, "An Experiment in Linguistic Synthesis with a Fuzzy Logic Controller," *International Journal on Man-Machine Studies*, Vol. 7, No. 1, pp. 1-13, 1975.
[3] 安信誠二, "ファジィ理論の実システムへの応用：仙台市地下鉄列車自動運転," 日本機械学會誌, Vol. 91, No. 836, pp. 639-644, 1988.
[4] H. T. Nguyen and E. A. Walker, *A First Course in Fuzzy Logic*, Chapter 3, Third Edition, Chapman & Hall/CRC, Taylor & Francis Group, 2005.
[5] 道路構造令の各規定の解説, URL: http://www.mlit.go.jp/road/sign/kouzourei_kaisetsu.html.
[6] W. McCulloch, and W. Pitts, "A Logical Calculus of the Ideas Immanent in Nervous Activity," *Bulletin of Mathematical Biophysics*, Vol. 5, Issue 4, pp. 115-133, 1943.
[7] M. Minsky and S. Papert, *Perceptrons: An Introduction to Computational Geometry*, The MIT Press, Cambridge MA, 1972.
[8] H. Tsukimoto, "Extracting Rules from Trained Neural Networks," *IEEE Trans. On Neural Networks*, Vol. 11, No. 2, pp. 377-389, 2000.
[9] Q. F. Zhao, "Making Aware Systems Interpretable," Proc. International Conference on Machine Learning and Cybernetics (ICMLC2016), Jeju, 2016.
[10] Q. F. Zhao, "Reasoning with Awareness and for Awareness," *IEEE SMC Magazine*, Vol. 3, No. 2, pp. 35-38, 2017.
[11] Wikipedia, Type-2 Fuzzy Sets and Systems, https://en.wikipedia.org/wiki/Type-2_fuzzy_

sets_and_systems, up to Feb. 2015.

6 機械学習の基礎

これまでの章では，知識が与えられたという前提で，観測事実と知識ベースをもとに推論を行い，結論を導く方法を紹介した。このような推論は，演繹（えんえき）的推論（deductive inference あるいは deductive reasoning）と言う。知識ベース（あるいは節集合）にある知識は足りない場合，あるいはそもそも知識がない場合には，システムが自ら学習し，知識を獲得する必要がある。言うまでもなく，学習は，システムが知的になるための基本機能である。学習機能をコンピュータで実現することは**機械学習**（machine learning）である。機械学習は，学習を効率的かつ効果的に行うための理論や方法に関する学問であり，AIにおいて非常に重要な分野である。本章は，まず機械学習の基礎を紹介する。

6.1 概念学習とパターン認識

知識には，**宣言的知識**（declarative knowledge）と**手続き的知識**（procedural knowledge）がある。前者は論理式やif-thenルールなどで定義でき，後者は一連の操作を順番良く書かれたプログラムで定義できる。機械学習と言えば，**概念学習**（concept learning）を指す場合が多い。**概念**（concept）は，全体集合（universe of discourse）の部分集合である。例えば，全体集合が「人間」であり，その中で定義される概念「学生」は，人間の部分集合である。また，全体集合が「動物」である場合，「哺乳動物」という概念は，動物の部分集合である。一般に，概念 A は次のように定義される：

$$A = \{\mathbf{x} | \mu_A(\mathbf{x}) = \text{True} \wedge \mathbf{x} \in X\} \tag{6.1}$$

ここで X は全体集合である。また，$\mu_A(\mathbf{x})$ は論理式であって，概念 A のメンバシップ関数とも言われる。すなわち，一つの論理式は一つの概念に対応する。また，if-thenルールの条件部も論理式で表現されるので，概念である。任意の $\mathbf{x} \in X$ も，それを集合 $\{\mathbf{x}\} \subset X$ として考えた場合は，最も簡単で具体的な概念である。手続き的知識は，基本的に，概念から概念への変換であると考えられる。

例えば，さまざまな建築材料を使ってさまざまな工程を経て家を建てる知識は，「建築材料」から「家」への変換である。この変換の中で，多くの関連概念が使われる。したがって，知識を獲得するためには，まず概念を学習する必要がある。

一方，**パターン認識**の分野において，概念が**クラス**（class）と呼ばれ，場合によってカテゴリ（category）やグループ（group）とも呼ばれる。また，全体集合の元（member）は，パターンと呼ばれる。例として，漢字，音声，画像，文書，食べ物，色，などはすべてパターンである。われわれが日常生活において，さまざまなパターンに出会い，それらを認識して適切な判断を下す。パターン認識の目的は，任意のパターンが特定の概念あるいはクラスに属すかどうかを認識することである。

6.1.1 近傍に基づく概念学習

いま，全体集合 X をある特定の対象領域（例えば，すべての漢字，すべての顔画像など）に限定する。概念 A を認識する問題は，2 クラス問題（2-class problem）であり，任意のパターンが A に属すか $\overline{A}$（A の補集合）に属すかを判別する。この問題を解決するために，式 (6.1) を使えばよいが，論理式 $\mu_A(\mathbf{x})$ をどう定義するかは問題である。実際，論理式 $\mu_A(\mathbf{x})$ を求めることは，「概念学習」である。

最も簡単な学習方法は，最近傍（nearest neighbor）法である。最近傍法を利用するために，まず，A に属すパターンと，$\overline{A}$ に属すパターンを複数用意する。これらのパターンは，**訓練パターン**（training pattern）と呼ばれる。それぞれの訓練パターンは，+1（A に属すとき）か −1（$\overline{A}$ に属すとき）の**クラスラベル**を持つ。訓練パターンのクラスラベルは，**教師信号**（teacher signal）と呼ばれる。通常，ラベルが +1 であるパターンは**正のパターン**（positive pattern），ラベルが −1 であるパターンは**負のパターン**（negative pattern）と呼ばれる。すべての訓練パターンとそのラベルのペアを含む集合 Ω は，**訓練集合**（training set）であると言う。この Ω は，一つの**最近傍識別器**（NNC: nearest neighbor classifier）を定義する。

NNC では，任意の観測パターン $\mathbf{x}$ に対して，そのラベル Label($\mathbf{x}$) は次のように決められる：

$$\mathbf{p} = \arg\min_{\mathbf{q} \in P} \|\mathbf{x} - \mathbf{q}\| \tag{6.2}$$

$$\text{Label}(\mathbf{x}) = \text{Label}(\mathbf{p}) \tag{6.3}$$

ただし，P は NNC の**プロトタイプ**（prototype）の集合である．プロトタイプとは，「記憶された」パターンであり，通常，観測されたパターンそのものではなく，抽象化されたものである．ここで，$P=\Omega$ とするが，一般に P と Ω は異なるものである．区別するために，Ω で定義された NNC を NNC(Ω) で表す．

式 (6.2) において，$\|\mathbf{x}-\mathbf{q}\|$ は 2 つのパターン $\mathbf{x}$ と $\mathbf{q}$ の間の「距離」である．距離が短いほど 2 つのパターンの類似性が高いと言える．NNC は，$\mathbf{x}$ に，最も似ているプロトタイプのラベルを付ける．通常，パターンは n 次元の実数ベクトルで表現できるので，距離は以下のユークリッド距離で定義される：

$$\|\mathbf{x}-\mathbf{q}\| = \sqrt{\sum_{j=1}^{n}(x_j-q_j)^2} \tag{6.4}$$

ただし，x_j と q_j は，それぞれ $\mathbf{x}$ と $\mathbf{q}$ の j 番目の要素である．もちろん，マンハッタン距離（Manhattan distance）などの他の距離も使える．パターンの要素が 2 進数のときは，ハミング距離（Hamming distance）も使える．

認識しようとする概念 A のメンバシップ関数 $\mu_A(\mathbf{x})$ は NNC を用いて，明示的に以下のように定義することができる：

$$\mu_A(\mathbf{x}) = [\exists \mathbf{p} \in P^+][\forall \mathbf{q} \in P^-]\|\mathbf{x}-\mathbf{p}\| \leq \|\mathbf{x}-\mathbf{q}\| \tag{6.5}$$

ただし，P^+ と P^- は，それぞれ正のパターンと負のパターンに対応するプロトタイプの集合である．

以上の説明でわかるように，NNC(Ω) を利用してパターンを認識するときに，概念学習は必要とせず，訓練パターンを記憶するだけでよい．また，観測データの数が十分大きければ，NNC(Ω) の誤認識率は，理論的最適値の 2 倍以下であることが知られている [1]．したがって，NNC(Ω) は，簡単ではあるが，多くの実応用において有用である．しかし，Ω のサイズが大きくなると，$\mathbf{x}$ のラベルを判別するために $\mathbf{x}$ とすべての訓練パターンとの距離を求めなければならないので，計算コストは高い．

計算量コストを減らすためには，すべての訓練パターンを使わずに，その**代表点**（representative）だけを使う方法がある．訓練パターンの代表点として良く使うのが平均パターンである．平均パターンは以下のように求められる：

$$\mathbf{r}^+ = \frac{1}{|\Omega^+|} \sum_{\mathbf{p} \in \Omega^+} \mathbf{p}, \quad \mathbf{r}^- = \frac{1}{|\Omega^-|} \sum_{\mathbf{q} \in \Omega^-} \mathbf{q}, \tag{6.6}$$

ただし，Ω^+ と Ω^- は，それぞれ正の訓練パターンと負の訓練パターンの集合であり，| | は集合のサイズ (cardinality) である．求めた代表点をプロトタイプとして利用すると，任意のパターン $\mathbf{x}$ のラベルは，以下のように判別できる：

$$\text{Label}(\mathbf{x}) = \begin{cases} +1 & \text{if } \|\mathbf{x}-\mathbf{r}^+\| < \|\mathbf{x}-\mathbf{r}^-\| \\ -1 & \text{if } \|\mathbf{x}-\mathbf{r}^-\| < \|\mathbf{x}-\mathbf{r}^+\| \end{cases} \tag{6.7}$$

距離が式 (6.4) で定義された場合，式 (6.7) は以下のように整理できる：

$$\text{Label}(\mathbf{x}) = \begin{cases} +1 & \text{if } g^+(\mathbf{x}) > g^-(\mathbf{x}) \\ -1 & \text{if } g^+(\mathbf{x}) < g^-(\mathbf{x}) \end{cases} \tag{6.8}$$

ここで，関数 $g^+(\mathbf{x})$ と $g^-(\mathbf{x})$ は，正負両クラスの**識別関数** (discriminant function) であり，以下のように定義される：

$$g^+(\mathbf{x}) = \sum_{j=1}^{n} x_j r_j^+ - \frac{1}{2} \sum_{j=1}^{n} (r_j^+)^2, \quad g^-(\mathbf{x}) = \sum_{j=1}^{n} x_j r_j^- - \frac{1}{2} \sum_{j=1}^{n} (r_j^-)^2 \tag{6.9}$$

概念 A を識別することは，2 クラス問題であるため，以下の識別関数が使える：

$$g(\mathbf{x}) = g^+(\mathbf{x}) - g^-(\mathbf{x}) = \sum_{j=1}^{n} w_j x_j - \theta \tag{6.10}$$

ただし，w_j と θ は，識別関数のパラメータである．この識別関数を使うと，$g(\mathbf{x}) > 0$ のときに $\mathbf{x}$ は A に属す．関数 $g^+(\mathbf{x})$，$g^-(\mathbf{x})$，$g(\mathbf{x})$ は $\mathbf{x}$ に関して一次式なので，線型識別関数と呼ばれる．

図 6.1 は 2 次元パターンの例を示す．図の中で，○は正のパターン，△は負のパターンであるとする．この例は，正のパターンと負のパターンが直線で分けられるので，線形分離可能であると言う．この直線は**判別境界** (decision boundary) と呼ばれる．多次元の場合の判別境界は超平面 (hyper plane) である．

以上の議論から，正負両クラスの訓練パターンの平均パターンだけで判別を行うと，計算量こそ減らせるが，判別できる概念は線型分離可能なものに限られてしまう．しかし，一般に，概念 A を識別するために，非線形な境界が必要である．そのためには，各クラスのプロトタイプを増やせばよい．図 6.2 は一例を示す．この例では，それぞれのクラスに 2 つのプロトタイプ（▲と●で示されたも

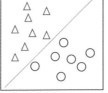
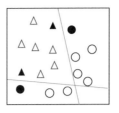

図6.1　線形分類の例　　図6.2　非線形分類の例

の）を使えば，式 (6.2) と (6.3) をもとにすべてのパターンを正しく認識することができる．プロトタイプは，学習によって求める必要がある．その方法については，6.4 節で詳しく紹介する．

演習問題 6.1　式 (6.10) の識別関数 $g(\mathbf{x})$ のパラメータ w_j と θ を，平均パターンの要素を使って表せ（ヒント：式 (6.9) を参照すること）．また，式 (6.10) と式 (5.10b) を比較し，**線形識別関数**と単一ニューロンの共通点について議論せよ．

例題6.1　顔検出（face detection）は，多くのセキュリティシステムにおいて重要である．その主な目的は，デジタル画像の中に，人の顔があるかどうかを確認することである．全体集合 $X =$ {画像}，$A =$ {人間の顔画像} は X に定義された概念であるとして，この概念を認識するシステムについて議論せよ．

[解答]　図 6.3 は顔検出の原理を示す．大きな入力画像が与えられて，われわれは，その中に顔があるかどうか，あるとすれば，どこにあるかを知

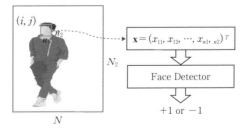

図6.3　顔検出の原理

りたい．そのために，適当なサイズを持つスライド窓（sliding window）を使って，画像全体をスキャンする．窓に顔があったら，顔検出器（face detector）が +1 を出力し，顔の存在を示してくれる．また，窓の中心座標は顔の位置を決める．

顔検出器を設計するために，まず，スライド窓と同じサイズの顔画像と顔でない画像を，例えば，それぞれ数千枚集め，それらにラベル +1 と -1 を付けて，訓練集合 Ω に入れる．この Ω を NNC のプロトタイプ集合として，任意の新しい画像 **x** に対して，それを式 (6.2) と (6.3) に従って認識することができる．

ただし，ユークリッド距離を求めるためには，画像をベクトルに直す必要がある．そのために，例えば，画像の各列を順番に繋ぐ方法がある．しかし，画像の画素数が多い場合，これで得られるベクトルの次元は大きく，計算コストは高い．また，画像を丸ごと使って比較すると，不必要な部分も含まれ，検出性能は低下する．これらの問題を解決するためには，**特徴抽出**（feature extraction）を行う必要がある．画像認識の場合，特徴抽出の方法として，Eigenface 法と Fisherface 法が知られている．この 2 つの方法は，それぞれ主成分分析法（principal component analysis）と線型識別分析法（linear discriminant analysis）に対応する．特徴抽出で得られたベクトルは**特徴ベクトル**（feature vector）と呼ばれ，その次元数は，通常，画素数より遥かに小さいので，それをもとに認識を行うと，コストが大きく減らせる．また，顔を検出するためなら，Fisherface 法で得られた特徴ベクトルに基づく NNC は，非常によい性能を示している．興味がある読者は関連文献を参照すること [2, 3]． □

演習問題 6.2 全体集合 X は顔画像の集合，$A = \{笑顔\}$ は X に定義された概念であるとして，この概念を認識する NNC について議論せよ（ヒント：例題 6.1 を参照すること）．

6.1.2 近傍に基づく多クラス認識

以上の議論を，複数の概念あるいはクラスを認識する多クラス問題（multiclass problem）に拡張しよう．全体集合 X の上に，N_c 個の概念 $X_1, X_2, \cdots, X_{Nc}$

が定義されたとする．これらの概念を認識するために，まず訓練集合 Ω を用意する必要がある．集合 Ω の元は，パターンとそのクラスラベルのペアである．訓練集合さえ与えられれば，任意のパターン $\mathbf{x}$ が，どの概念に属すかを判断するために，式 (6.2) と (6.3) をもとにした NNC(Ω) がそのまま使える．また，式 (6.9) と同様，i 番目の概念に対応する線型識別関数は以下のように定義できる：

$$g_i(\mathbf{x}) = \sum_{j=1}^{n} x_j r_j^i - \frac{1}{2} \sum_{j=1}^{n} (r_j^i)^2, \quad i = 1, 2, \cdots, N_c \tag{6.11}$$

ただし，平均パターン $\mathbf{r}^i$ は，以下のように求める：

$$\mathbf{r}^i = \frac{1}{|\Omega^i|} \sum_{\mathbf{p} \in \Omega^i} \mathbf{p} \tag{6.12}$$

ここで，Ω^i は，i 番目の概念に対応する訓練集合である．識別関数をもとに，任意のパターン $\mathbf{x}$ のラベルは，次のように判断される：

$$\text{Label}(\mathbf{x}) = \arg \max_{1 \leq i \leq N_c} g_i(\mathbf{x}). \tag{6.13}$$

もちろん，2クラス問題と同じように，NNC(Ω) をそのまま使うと，コストがかかるし，平均パターンを使うと，線形分離可能な概念しか認識できない．この問題を解決するために，各概念につき，複数のプロトタイプを使えばよい．問題は，プロトタイプをどう求めるかということである．この問題を解決する具体的な方法は，6.4 節で紹介する．

6.2 一般的機械学習

前節では，概念がそれぞれのプロトタイプや識別関数を持つことを前提に議論した．分割統治（divide-and-conquer）の意味で，このように得られた認識システムが設計しやすく，更新しやすい利点がある．しかし，多くの概念は，互いに関連しているので，それらをまとめて考えると，認識はより効率的あるいは効果的に行えると期待できる．本節では，複数の概念をまとめて学習し，認識する方法を紹介する．

6.2.1 学習の定式化

全体集合 X の上に，N_c 個の概念あるいはクラス $X_1, X_2, \cdots, X_{N_c}$ が定義されたとする．また，X_i のラベルは，**ラベル集合** $Y = \{\mathbf{y}_1, \mathbf{y}_2, \cdots, \mathbf{y}_{N_c}\}$ の元であるとす

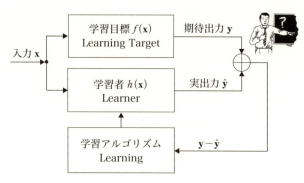

図6.4 学習システムの基本構成

る。概念 X_i は以下のように定義できる：

$$X_i = \{\mathbf{x} \in X | f(\mathbf{x}) = \mathbf{y}_i, \mathbf{y}_i \in Y\}. \tag{6.14}$$

パターン認識システムは，全体集合 X からラベル集合 Y への写像 $f(\mathbf{x})$ である。全体集合 X とラベル集合 Y の元は，どちらもコンピュータの中で数値によって表現できるので，$f(\mathbf{x})$ は X から Y への関数である。この関数は，すべての概念が共通する識別関数である。

　任意のパターンを正しい概念に分類するために，関数 $f(\mathbf{x})$ を求める必要がある。関数 $f(\mathbf{x})$ を求めることは，学習である。図6.4は，学習システムの構成図である。学習目標である関数 $f(\mathbf{x})$ は未知であり，それを学習するためには，別の関数 $h(\mathbf{x})$ を用いる。関数 $h(\mathbf{x})$ のことを**学習者**（learner）あるいは**学習モデル**（learning model）と言う。学習とは，$h(\mathbf{x})$ を用いて $f(\mathbf{x})$ を近似することである。まったく未知の $f(\mathbf{x})$ を学習することはできないので，学習を行うためには，$f(\mathbf{x})$ に関する何らかの情報を与える必要がある。その情報を，通常，$[\mathbf{x}, \mathbf{y}]$ の形で与える。ここで，$\mathbf{x}$ は全体集合にあるパターンで，$\mathbf{y}$ は $\mathbf{x}$ に対応する $f(\mathbf{x})$ の期待値である。通常，$[\mathbf{x}, \mathbf{y}]$ は一つの観測（observation），$\mathbf{x}$ は**訓練パターン**（training pattern），$\mathbf{y}$ は**教師信号**（teacher signal）と言われる。教師信号は教師によって与えられる。すべての観測の集合 Ω は訓練集合である。

　識別関数 $f(\mathbf{x})$ を近似するためには，学習者のモデルを決める必要がある。良く使用される学習者モデルとして，ニューラルネットワーク，多項式，最近傍識別器（NNC），決定木などがある。機械学習では，通常，可変なモデルを使い，さまざまな変化の中で最も良いモデルを選ぶ。最も良いモデルを見つけることは，

学習アルゴリズムの役割である．例えば，学習モデルが3次の多項式 $h(x) = w_3 x^3 + w_2 x^2 + w_1 x + w_0$ で与えられた場合は，そのパラメータ（すなわち，係数）をいろいろと変更することによってたくさんの多項式が得られる．このように得られたモデルの集合は，「**仮説集合**」（hypothesis set）と呼ばれ，H で記述する．学習アルゴリズムは，H の中から，最も良い仮説 h を求める．

概念学習問題は，一般に，仮説集合 H から最も良い仮説 h を求める最適化問題，すなわち，探索問題と帰着できる．解の良さを評価するためには，通常，次式のように定義された「誤差」を使う：

$$E = \sum_{\forall \mathbf{x} \in \Omega} \|\mathbf{y} - \hat{\mathbf{y}}\|^2 = \sum_{\forall \mathbf{x} \in \Omega} \|f(\mathbf{x}) - h(\mathbf{x})\|^2. \tag{6.15}$$

統計学において，以上の誤差は**残差平方和**（residual sum of squares）と呼ばれる．しかし，誤差だけを評価基準として，H から最適な仮説 h を求めようとすると，求めた h は使えないかもしれない．実際，訓練集合にあるデータだけに基づいて求めた誤差を最小化しても，新たに観測した未知のデータに対して誤差が必ずしも小さいとは限らない．これは，主に観測雑音によるもので，さまざまな逆問題（inverse problem）に共通する**不良設定問題**（ill-posed problem）である[4]．仮説 $h(\mathbf{x})$ は，未知のデータに対しても $f(\mathbf{x})$ を良く近似できる場合，この仮説の汎化能力（generalization ability）が高いと言われる．汎化能力が高い仮説を得るためには，通常，ある種の**正則化**（regularization）を行う．以下は機械学習の領域で良く使用される正則化の一例である[5]：

$$L = \sum_{\forall \mathbf{x} \in \Omega} \|f(\mathbf{x}) - h(\mathbf{x})\|^2 + \lambda \frac{1}{p} \|\mathbf{w}\|_p^p = \sum_{\forall \mathbf{x} \in \Omega} \|f(\mathbf{x}) - h(\mathbf{x})\|^2 + \lambda \frac{1}{p} \sum_i |w_i|^p \tag{6.16}$$

通常，この L は**損失関数**（loss function）と呼ばれる．ここで，$\lambda (>0)$ は正則化パラメータ，$\mathbf{w}$ は仮説 h を決めるためのパラメータ，$\|\ \|_p$ は p-ノルムである．通常，$p=1$ の L_1 正則化と $p=2$ の L_2 正則化を使う．正則化は，学習モデルを決めるパラメータの数を減らすことができる．実際，学習モデルが必要以上に複雑になると，**過剰学習**（over fitting）という現象が起こりやすくなる．過剰学習は，雑音までも学習してしまうことによって起こるものである．正則化は，小さいモデルを高く評価するので，過剰学習を回避することができる．したがって，正則化で得られる $h(\mathbf{x})$ は，通常，汎化能力がより高くなる．さらに，正則化をニューラルネットワークの学習に適応することによって，理解しやすい知識の抽出も可

6.2.2 機械学習の例

以下，機械学習の応用例をいくつか紹介し，学習の基本的考え方を説明する。

例題6.2 ある商品あるいはサービス（例えば，カメラ，乗用車，ホテル，レストランなど）に関するユーザの口コミ評価を，非常によい，よい，まあまあ，悪い，非常に悪いに分類することができる。任意に与えられた口コミを分類する問題を，機械学習で解決する方法について検討せよ。

[解答] まず，訓練集合を考える。訓練集合は，インターネットで検索し，対象商品あるいはサービスに関する口コミの一部をダウンロードすることによって得られる。そして，口コミを手動で分類し，教師信号（すなわちクラスラベル）を与える。各口コミのラベルは，次の集合 Y から選ぶ：

$$Y = \{1, 2, 3, 4, 5\}$$

ラベルが大きいほど評価が高い。次に，口コミの「特徴」を抽出する。そのために，

1) すべての口コミに使用される単語（特に名詞，形容詞など）を n 個選び，そのリストを作る。
2) 単語リストに基づき，口コミを n 次元の特徴ベクトルに変換する。例えば，i 番目の口コミに対応するパターンを $\mathbf{x}_i$ として，単語リストにある j 番目の単語がこの口コミに現れていれば，$\mathbf{x}_i$ の j 番目の要素 $x_{ij}=1$ とし，そうではなければ，$x_{ij}=0$ とする。

以上のように，例えば，N 個の口コミの特徴ベクトルとそのラベルを求めれば，訓練集合 Ω を作ることができる。

次に，仮説集合を考える。この問題において，$f(\mathbf{x})$ が一般に非線形で，難しい関数である。このような問題を解くために，ニューラル

ネットワークなどが良く使用される。例えば，仮説集合 H は，特殊の構造を持つニューラルネットワークの集合と定義できる。その中から，式 (6.15) あるいは式 (6.16) の評価関数を最小にする仮説 h（すなわち，特定のニューラルネットワーク）を求めれば，問題を解決することができる。ニューラルネットワークとその学習アルゴリズムについては，第7章で紹介する。　　　　　　　　　　　　　　　　□

例題 6.3　手書き漢字を認識するシステムを設計したい。この問題を，機械学習で解決する方法について検討せよ。

[解答]　図 6.5 は手書き漢字の一例である。すべての手書き漢字を認識するシステムを設計する前に，まず，十分大きい訓練集合を用意する必要がある。一つの訓練サンプルは一枚の画像である。これらの画像をそのまま利用して認識システムを設計すると認識コストが高くなることだけではなく，認識性能も悪くなる。実際，漢字の書き方はさまざまあるので，同じ漢字でも異なるパターンがたくさんある。画像そのものをもとに認識を行うと，さまざまな変化に対応する必要があり，そのためには，複雑な学習者モデルを使わなければならない。これらの問題を解決するために，**特徴抽出**が必要である。

図 6.5 は漢字の特徴を抽出する一例である（この例は，特徴抽出の考え方を説明するものであって，実用的なものとは限らない）。この例では，まず画像を離散化し，横，縦に直線を引き，そして，直線と

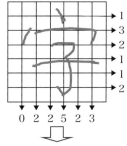

図 6.5　特徴抽出の例

文字との交叉数を数え，その結果を特徴とし，最後に，すべての特徴を合わせて特徴ベクトルを得る．明らかに，得られた特徴ベクトルは，ストロークの多少の変化に対しても不変である．

このように，すべての入手できる手書き漢字の画像に対して，それに対応する特徴ベクトル $\mathbf{x}$ を求め，そのラベルと一緒にペアで訓練集合 Ω に入れればよい．ここで，漢字のラベルは，例えば，それが漢字辞典の中で現れる順番で表現することができる．

漢字認識システムのモデル選びは，特徴ベクトルの質に依存する．よい特徴を抽出されれば，線形識別関数を使ってもよい性能が出せる．しかし，よい特徴を抽出するためにはさまざまなノウハウが必要とされ，容易なことではない．特殊の階層型ニューラルネットワークをモデルとして，**深層学習**（deep learning）を利用すれば，よい特徴が自動的に検出される．興味がある読者は関連文献を参照すること [7]．□

以上の例は，概念学習の例である．概念学習において，学習しようとする識別関数 $f(\mathbf{x})$ の値域 Y は，通常，有限集合である．しかし，一般に機械学習においては，学習目標の $f(\mathbf{x})$ は連続関数である可能性もあり，その値域は無限集合になることもありえる．このような実応用が数多く存在する．以下，関数近似（function approximation）と予測問題（estimation problem）を例として紹介する．

例題 6.4 何階までも微分可能な一次元関数 $f(x)$ を考える．変数 $x=1,2,3,4$ に対して，$f(x)$ の関数値はそれぞれ $1.5, 3, 5.5, 9$ であると観測されたとする．この $f(x)$ を3次の多項式で近似せよ．

[解答] この問題に対して，訓練集合 Ω には4つのデータがある．すなわち，

$$\Omega = \{[x, f(x)] | x = 1, 2, 3, 4\}$$

である．仮説集合 H は3次の多項式の集合であり，以下のように定義される：

$$H = \{h(x) = w_3x^3 + w_2x^2 + w_1x + w_0 | \forall w_0, w_1, w_2, w_3 \in R\}.$$

テーラー展開（Taylor expansion）によると，$f(x)$ が何階までも微分可能であれば，それを多項式で近似することができる。仮説集合 H の中から，$h(x)$ を一つ選ぶためには，その係数を求めればよい。実際，$h(x) = f(x), x = 1, 2, 3, 4$ とすれば，式 (6.15) で定義した誤差をゼロにすることができる。したがって，$h(x)$ の係数は，以下の連立方程式を解くことによって求められる：

$$w_3 \cdot 1^3 + w_2 \cdot 1^2 + w_1 \cdot 1 + w_0 = 1.5$$
$$w_3 \cdot 2^3 + w_2 \cdot 2^2 + w_1 \cdot 2 + w_0 = 3$$
$$w_3 \cdot 3^3 + w_2 \cdot 3^2 + w_1 \cdot 3 + w_0 = 5.5$$
$$w_3 \cdot 4^3 + w_2 \cdot 4^2 + w_1 \cdot 4 + w_0 = 9$$

これで得られる $h(x)$ は，式 (6.15) で評価する場合には最適である。
□

以上の例において，学習者モデルは3次の多項式で，学習アルゴリズムは連立方程式を解くアルゴリズムである。一般に，関数 $f(\mathbf{x})$ の N 個の観測値が与えられた場合は，連立方程式を解くことによって $f(\mathbf{x})$ の多項式近似を求めることができる。もちろん，多項式ではなく，フーリエ級数（Fourier series）を使った近似，他の基底関数（basis function）を使った近似方法もあり，それに対応する「古典」的なアルゴリズムもある。一般に，関数近似問題を機械学習の立場で解決すると，**知的探索**アルゴリズムが利用できる。知的探索の詳細については，第8章で紹介する。

演習問題 6.3 例題 6.4 の連立方程式を解いて，$h(x)$ を求めよ。

次に，予測問題を機械学習で解決する方法を説明する。予測問題の例として，最近の電力消費量に基づいて，次の日あるいは次の週の発電量を予測すること，直近の株価データに基づいて，株価のトレンドを予測すること，過去の天気データに基づいて，今年の降雪量を予測すること，などがある。これらの予測問題を

理解するために，まず，以下の例を見よう．

例題6.5 時系列 $s(m)$ に対して，その $m=i, i-1, \cdots, i-n$ における値をもとに，$s(i+1)$ の値を求める問題を，機械学習で解決する方法について検討せよ．

[解答] まず，訓練集合を考える．問題は，$s(m)$ の現在値 $s(i)$ と，直近に観測された n 個の値 $s(i-1), \cdots, s(i-n)$ をもとに，次の値 $s(i+1)$ を予測することである．データは，$n+1$ 次元のベクトル $\mathbf{x}_i = [s(i), s(i-1), \cdots, s(i-n)]^T$ で，それに対応する期待出力は $y_i = f(\mathbf{x}_i) = s(i+1)$ である．例えば，時刻 $i=1, 2, \cdots, N$ に対して，$\langle \mathbf{x}_i, y_i \rangle$ を記憶すれば，N 個の観測データを含む訓練集合 Ω を作ることができる．

次に，仮説集合を考える．この問題は，予測問題であるので，線形予測や非線形予測のモデルが使える．典型的な線形予測モデルとして，以下の自己回帰（AR: auto-regression）モデルがある：

$$s(m+1) = \sum_{k=0}^{n} w_k s(m-k) + c \qquad (6.17)$$

ここで，w_k と c はパラメータである．式（6.15）の誤差を最小となるように，AR モデルのパラメータを求めればよい．そのために，Ω にあるデータをそれぞれ式（6.17）に代入し，N 個の方程式が得られる．データ数 N が $n+1$ であれば，連立方程式を解くことによってすべてのパラメータを求めることができる．通常，N は $n+1$ よりもはるかに大きいので，パラメータが最小二乗法（least squares method）を利用して求められる．

線形予測が間に合わない場合には，ニューラルネットワークなどの非線形モデルを使い，それに対応する学習アルゴリズムを利用することができる．一般に，予測問題において，$f(\mathbf{x})$ の全貌を求めることは困難である．しかし，多くの実応用において，「次の値」だけを予測できれば十分間に合う．また，このような応用において，教師信号（予測したい値）は次の時刻でわかるので，特に教師がなくても学習ができる．　　□

演習問題 6.4 例題6.5において，$s(t)$ をある地域の消費電力であるとする。その地域の発電所は，毎日どれくらい発電すればよいか，そのためにどれくらい燃料を用意すればよいかをわかっていれば，生産効率の向上に繋がる。直近14日（2週間）の消費量をもとに，翌日の発電量を予測する問題を，機械学習で解決する方法について検討せよ。

6.3 機械学習の分類

これまでにわれわれは概念学習そして一般的機械学習を紹介した。本節では，さまざまな視点で機械学習を分類してみる。次節以降は，いくつかのモデルに基づく学習を具体的に説明する。

6.3.1 教師あり学習と教師なし学習

図6.4の学習システムの中で，任意の訓練データに対して，**期待出力**を教えてくれる教師がある場合は，**教師あり学習**（supervised learning）である。逆に，教師がない場合は，**教師なし学習**（unsupervised learning）である。この分類によれば，いままでの例題はすべて教師あり学習である。例題6.5も，教師信号が次の時刻の出力なので，教師あり学習である。以下は，教師なし学習の例である。

今，図6.6の左図にある図形を考えよう。この場合，教師信号はなければ，期待する分類結果もない。機械学習においては，通常，図形の「空間的近さ」によって分類する。その結果は真ん中の図である。しかし，人間の場合は，むしろ図形の形で分類する。その結果は，右図である。したがって，教師信号がない場合，得られた結果は期待のものにならないかもしれない。このような問題を解決するためには，通常教師信号を与える。

教師信号の「量」によって，機械学習をさらに細かく分類することができる。

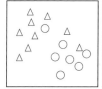

図6.6 教師なし学習の例

よく知られている学習方法は，**強化学習**（reinforcement learning），**進化学習**（evolutionary learning），**半教師学習**（semi-supervised learning）などがある。強化学習において，教師は各観測データに対して正解を出す代わりに，学習者の一連の行動を評価し，ときどき「褒める」か「叱る」などをする。進化学習において，教師は，与えられたタスクに対する学習者の「完成度」だけを評価する。半教師学習の場合，教師は観測データのごく一部だけに教師信号を与える。強化学習や進化学習は手続き的知識の学習に有用である。例えば，ロボットの動作学習，ゲームプレーヤーの設計などのためには，強化学習と進化学習が重要である。半教師学習は，データのラベルをつけるためにコストが高い場合には有用である。

6.3.2 帰納的学習と演繹的学習

学習は，教師信号の「量」ではなく，その「質」によって**帰納的学習**（inductive learning）と**演繹的学習**（deductive learning）に分けられる。前者は経験から知識を導くことで，後者は，既存知識の具現化である。機械学習アルゴリズムのほとんどは，帰納的学習に関するものである。しかし，知識を正しく伝承するためには，演繹的学習も必要である。

例えば，1, 2, 3, 4 が与えられたとして，次の数字は何かと聞かれたら，それは 5 であるとわれわれは答える。すなわち，われわれは与えられた数列の変化に関する「知識」を見つけ，それをもとに答えを求める。株価の予測も同じである。理論的には，株価は乱数ではないので，必ず規則がある。その規則を知識として正しくつかめば，予測ができ，利益が得られる。

次に，演繹的学習の例を考えよう。「横断歩道を渡るときに，信号を確かめ，青信号のときに渡りましょうね」というお母さんの教えがある。この教えをもとに，子供が横断歩道の渡り方を学習する。そのために，まず，「横断歩道」，「信号」，「青信号」，「青」でない信号，「確かめ」，「渡る」などの概念を学習する必要がある。最初に，子供がこれらの概念を良く知らないので，大人と一緒に何回も横断歩道を渡り，繰り返して学習する必要がある。この例でわかるように，演繹的学習の基本は既存知識の中に含まれる諸概念の具現化である。それぞれの概念の具現化自体は帰納的学習である。すなわち，演繹的学習は，学習の大きいフレームワークを与え，その中の具体的概念は，帰納的学習によって獲得される。

6.3.3 確率的学習と決定的学習

機械学習の目的は，データの中に隠されている規則を知識として見つけることである。規則の例として，良く現れるパターン（prequently appeared patterns），異常パターン（anomaly patterns），データ間の相関関係（cross-correlation）などがある。大量のデータから得られた知識の中で，決定的な（deterministic）ものもあれば，確率的な（statistic）ものもある。簡単に言えば，決定的な知識は確かに使える知識であり，確率的知識は自己責任で使ってもよい知識である。理想的には，すべての知識を決定的にしたい。しかし，観測ミス，観測範囲，学習コストなどの物理的制限で，確かな知識が得られない場合が多い。例えば，学習者モデルを決定するパラメータ数が観測データ数よりもはるかに多い場合，得られた学習者モデルをもとに，新しい観測データに対して，確率的な判断を下せると「便利」である。データを増やせば，知識を更新し，やがて確実に使えるものになる。天気予報は良い例である。雨が降る確率は，観測データをもとに得られた確率的結論である。この確率は，かつてあまり信用できなかった。しかし，最近，膨大なデータをもとに，スーパーコンピュータで予測すると，かなり当たる（使える）ようになっている。**確率的学習**の詳細について興味のある読者は，文献を参照すること [8]。

6.3.4 パラメトリック学習とノンパラメトリック学習

学習者のモデルが一組のパラメータで決定できる場合，**パラメトリック**（parametric）であり，そうでない場合は，**ノンパラメトリック**（non-parametric）であると言う。例えば，多項式をモデルとして使用する場合は，その係数がパラメータであるので，パラメトリックである。データの傾向をある確率的分布（例えば，正規分布，二項分布など）で近似する場合も，パラメトリックである。このとき，分布を決めるための平均値，分散，などはパラメータである。ニューラルネットワークも基本的にパラメトリック学習モデルである。一般に，パラメトリック学習を使うと，少ないパラメータで複雑な識別関数を効率的に近似することができる。

最近傍識別器（NNC）はノンパラメトリック学習モデルの例である。NNCを少し拡張したものが k-NNC である。この k-NNC は，一つの近傍ではなく，$k(>1)$ 個の近傍の情報をもとにパターンを認識する。新しいデータには，その k 個の最近傍の観測済みデータに最も多く付けられているクラスラベルが割り当て

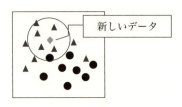

図 6.7　k-NNC の例

られる．図 6.7 は一例を示す．

　観測データを個別に使うのではなく，その線型結合を利用して概念学習をすることもできる．良く知られているパルツェン窓（Parzen window）もノンパラメトリックモデルの一例である．この方法は，まずカーネル関数を使って観測パターンをぼやかして，そしてカーネル関数の線型結合で観測データの確率密度関数（PDF: probability density function）を近似する．このように求めた PDF を識別関数として利用すれば，パターン認識ができる．カーネル関数をより効果的に利用する方法として，**サポートベクトルマシン**（SVM: support vector machine）がある [9]．実際，SVM を利用すれば，すべての観測データではなく，その一部だけを利用すれば性能の高い認識システムが得られる．その選ばれたデータは，サポートベクトル（SV: support vector）と呼ばれる．

6.3.5　オンライン学習とオフライン学習

　われわれ人間は，毎日無意識に学習し，毎日何らかの知識を獲得し，これを一生続ける．これは，**オンライン学習**（on-line learning）である．これに対して，多くの AI と呼ばれるシステムは，「工場」で学習をするが，工場から出ると学習が終わる．これは**オフライン学習**（off-line learning）である．オンライン学習ができるシステムは，時々刻々に飛んでくる新しいデータを処理しながら，実時間で処理手法を改善する能力がある．これに対して，オフライン学習システムは，既存のデータをもとに，さまざまな知識が獲得できる．本当の知能を獲得するためには，オフライン学習もオンライン学習も重要である．

6.4　近傍に基づく学習

　6.1 節では，概念学習のために，最近傍識別器（NNC）が使えると説明した．し

かし，訓練集合をそのままプロトタイプ集合にすると，計算量が大きいという問題がある．また，各クラスの平均パターンだけをプロトタイプにすると，線型分離可能な問題しか解けなくなる．これらの問題を解決するためには，プロトタイプ数を適切に選び，プロトタイプを学習する必要がある．本節では，まず，プロトタイプ数が事前に与えられて，プロトタイプを学習する方法を考える．そして，プロトタイプ数を決める方法を紹介する．

6.4.1 学習ベクトル量子化

プロトタイプの学習方法として，**学習ベクトル量子化**（LVQ: learning vector quantization）という方法がある．表 6.1 は LVQ のアルゴリズムを示す．表 6.1 の Step 1 は，プロトタイプ集合 P の初期化である．これは，通常，各プロトタイプの各要素をランダムに生成することで行われる．学習を速く収束させるためには，各クラスの訓練パターンからランダムに k 個の代表を選び，それらを P に入れる方法がある．ここで，k は事前に与えられたものである．Step 2 は訓練パターン $\mathbf{x}$ の最近傍であるプロトタイプ $\mathbf{r}$ を求める．このプロトタイプは「**勝者**」（winner）と呼ばれる．Step 3 は，プロトタイプの更新，すなわち学習である．式 (6.18) は，プロトタイプ $\mathbf{r}$ を $\mathbf{x}$ に向かって移動する．このように更新することによって，$\mathbf{x}$ に似ているパターンがまた観測された場合，それが正しく認識される確率は大きくなる．式 (6.19) は，プロトタイプ $\mathbf{r}$ を $\mathbf{x}$ から遠ざかるように移動する．このように更新すると，$\mathbf{x}$ に似ているパターンが観測された場合，それが誤認識される確率は小さくなる．

Step 4 の終了条件は，通常，学習周期の回数で判断する．訓練集合にあるすべ

表 6.1　Learning vector quantization（LVQ）アルゴリズム

Step 1 :　プロトタイプの集合 P を初期化する．
Step 2 :　訓練集合からパターン $\mathbf{x}$ を抽出し，それに最も近い $\mathbf{r} \in P$ を求める．
Step 3 :　$\mathbf{r}$ のラベルが $\mathbf{x}$ のラベルと一致すれば，$\mathbf{r}$ を式 (6.18) で更新し，そうではなければ，$\mathbf{r}$ を式 (6.19) で更新する．

$$\mathbf{r} = \mathbf{r} + \alpha(\mathbf{x} - \mathbf{r}) \qquad (6.18)$$
$$\mathbf{r} = \mathbf{r} - \alpha(\mathbf{x} - \mathbf{r}) \qquad (6.19)$$

ただし，$\alpha \in (0,1)$ は**学習率**である．
Step 4 :　終了条件が満たされていれば終了し，そうではなければ Step 2 に戻る．

てのパターンを一通り使って学習することは，**一学習周期**（learning cycle）あるいは**一エポック**（epoch）と言う．例えば，1,000 学習周期になったら終了するように事前に決めることができる．訓練パターンに対する認識率が十分高ければプログラムを終了することもできる．**認識率**（recognition rate）R は，以下のように定義される：

$$R = \frac{\text{正解の数}}{\text{データ数}} \times 100\% \tag{6.20}$$

学習の結果（すなわち，NNC あるいはそのプロトタイプの集合 P）は良いかどうかを判断するために，訓練集合に対する認識率だけでは足りない．通常，訓練集合とは別に，**テスト集合** Ω_{test} を用意する．このテスト集合に対して高い認識率を示すときに限って得られた P が良いとされる．評価の信頼性を高めるために，交差検証が良く使われる．例えば，**k 分割交差検証**（k-fold cross validation）においては，与えられた訓練集合 Ω がおよそ同じサイズの k 個のグループに分けられ，各々のグループが一回だけテスト集合となり，残りの k-1 グループは訓練集合となる．このように得られた k 個の結果の平均と分散などで，学習結果を評価することができる．

表 6.1 のアルゴリズムは，LVQ の中で最も基礎的なものである．その改良版はいくつか提案されている．興味がある読者は文献を参照すること [10, 11]．また，Step 2 において，データ **x** が直接に全体集合から抽出するようにすれば，LVQ はオンライン学習にも使用できる．

例題 6.6 表 6.2 にある 8 個のラベル付きパターンが与えられたとする．これらのパターンを正しく分類する最近傍識別器（NNC）を求めよ．ただし，各クラスのプロトタイプ数は 2 とする．

[解答] 図 6.8 の左図はこれらのパターンを×（クラス 0）と○（クラス 1）で示している．対応する NNC のプロトタイプは，それぞれ◇と□である．左図は，学習前のもので，右図は学習後のものである．学習前の認識率は 25% で，それが学習後に 100% になっている．表 6.3 は，学習前と学習後のプロトタイプを与えている．また，図 6.8 からわかるように，最後のプロトタイプは，その周りにデータがないので，分類のために使われていない．したがって，この例では，実際のプロトタ

表6.2 例題6.6の訓練データ

クラス0	クラス1
$-0.96,\ -0.27$	$-0.400000,\ 0.92$
$-0.86,\ \ \ \ 0.51$	$0.800000,\ 0.60$
$0.86,\ -0.50$	$0.060000,\ 1.00$
$0.65,\ -0.76$	$0.930000,\ 0.36$

表6.3 例題6.6の結果

初期プロトタイプ	学習で得られたプロトタイプ
$0.882983\quad 0.469404\ 0;$	$0.842607\quad -0.538529\ 0;$
$-0.619131\quad -0.785288\ 0;$	$-0.983217\quad -0.182438\ 0;$
$0.901795\quad -0.432164\ 1;$	$0.665301\quad 0.746575\ 1;$
$-0.151238\quad -0.988497\ 1;$	$-0.151238\quad -0.988497\ 1;$

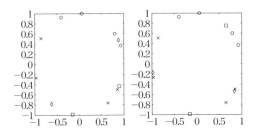

図6.8 LVQ学習の例（左図：学習前，右図：学習後）

イプ数は3である。　□

例題6.6において，データは単位円の上の点である。一般に n 次元空間において，単位超球面（unit hyper-sphere）というものがある。単位超球面の上にある点のユークリッドノルムが1であり，点と点の間の類似度は，ユークリッド距離ではなく，内積（inner product）を用いて定義できる。また，単位超球面上の点をベクトルとして見たときに，内積は，2つのベクトルが挟む角度 θ のコサイン（cosine）である。すなわち，

$$\cos\theta = \frac{\langle \mathbf{x}, \mathbf{y} \rangle}{\|\mathbf{x}\|_2 \|\mathbf{y}\|_2} = \langle \mathbf{x}, \mathbf{y} \rangle \tag{6.21}$$

明らかに，両ベクトルが同じものであれば，$\theta=0$ なので，類似度は1となる。こ

の関係を利用して，データ解析の際に，データを**正規化**（normalize）し，それらを単位超球面にすることがしばしば行われる。これによって，データのレンジに依存しない，より信頼できる結果が得られる。また，式 (6.21) で定義される類似度（similarity）をもとにLVQ学習を行う場合，各学習周期において，プロトタイプを正規化する必要がある。

演習問題 6.5 表6.2のデータが与えられ，プロトタイプが表6.3の一列目のように初期化されたとする。クラス0の一番目のデータを使い，その最近傍となるプロトタイプ（すなわち，勝者）を求め，それを式 (6.18) か (6.19) で更新せよ。ただし，学習率は $\alpha=0.5$ とする。更新した後のプロトタイプを，図に描いて，図6.8の左図と比較し，その変化について議論せよ。

6.4.2 自己組織ニューラルネットワーク

表6.1のLVQは，教師あり学習アルゴリズムであるが，それを少し変更するだけで**自己組織**（SO: self-organization）アルゴリズムを得ることができる [12]。SOは，教師なし学習アルゴリズムであり，表6.4で示される。SOは，**勝者独占**（WTA: winner-take-all）戦略とも呼ばれ，得られたプロトタイプの集合 P は，**自己組織ニューラルネットワーク**（self-organizing neural network）とも呼ばれる。

WTA戦略において，任意のデータに対して，それに最も近いプロトタイプ，即ち，勝者だけが更新され，他のプロトタイプがそのまま変わらない。更新式 (6.22) は，勝者を新しいデータに向かって移動する。学習の結果，すべての観測データは k 個のクラスター（cluster＝データのかたまり）となり，プロトタイプは，それぞれのクラスターのセンターとなる。ただし，k はプロトタイプの数である。Step 2 の訓練集合を，全体集合で置き換えれば，表6.4のアルゴリズムが

表6.4 自己組織（SO）アルゴリズム

Step 1: プロトタイプの集合 P を初期化する。
Step 2: 訓練集合からパターン $\mathbf{x}$ を抽出し，最も近い $\mathbf{r} \in P$ を求める。
Step 3: $\mathbf{r}$ を式 (6.22) で更新する。

$$\mathbf{r} = \mathbf{r} + \alpha(\mathbf{x}-\mathbf{r}) \qquad (6.22)$$

ただし，$\alpha \in (0, 1)$ は学習率である。
Step 4: 終了条件が満たされていれば終了し，そうではなければ Step 2 に戻る。

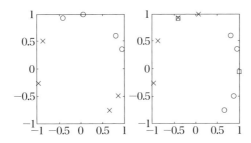

図 6.9 自己組織学習の実行例（左：学習前，右：学習後）

オンライン学習にも使用できる。

　自己組織（SO）アルゴリズムにおいて，データが観測されるたびに，プロトタイプが更新される。オフライン学習の場合，このようなやり方はあまり効率的ではない。より効率的にオフライン学習を行う方法として，**k 平均法**（k-means）が知られている [13]。

例題 6.7　例題 6.6 と同じパターンが与えられたとする。これらのパターンをもとに自己組織学習を行え。ただし，プロトタイプ数が 2，プロトタイプの初期値はランダムに与えられたとする。

[解答]　図 6.9 は，一つの実行例である。図でわかるように，プロトタイプの数 $k=2$ が与えられた場合，SO アルゴリズムは，クラスターとそのセンター（□で示す場所）を自動的に見つけることができる。しかし，教師信号を使わないため，元々同じクラスに属すパターンでも，違うクラスターに分類される可能性がある。　　　　　　　　　　　　　□

演習問題 6.6　例題 6.6 と同じパターンが与えられたとし，プロトタイプの初期値はそれぞれ $(0, 1)$ と $(0, -1)$ であるとする。クラス 0 の 3 番目パターンを利用して，プロトタイプを更新せよ。ただし，学習率は $\alpha=0.5$ とする。更新した後のプロトタイプを，図に描いて，それらがよりクラスターセンター（cluster centroid）らしくなっていることを確認せよ。

　いま，与えられた訓練集合 Ω に対して，SO アルゴリズムでプロトタイプ集合 $P = \{\mathbf{p}_1, \mathbf{p}_2, \cdots, \mathbf{p}_k\}$ が求められたとする。任意のパターン $\mathbf{x}$ を，それに最も近いプ

図 6.10　R^4 規則の概念図

ロトタイプ（すなわち，勝者）で近似することができる。実際，SO アルゴリズムと k 平均法では，以下の誤差関数を最小化するヒューリスティックアルゴリズムである：

$$E = \sum_{\mathbf{x}\in\Omega} \min_j \|\mathbf{x}-\mathbf{p}_j\| \qquad (6.23)$$

データ圧縮の分野において，このように得られた P は，コードブック（codebook）であると言う。各パターンを，その最近傍プロトタイプのインデックスで表現すると，データ量を大幅に減らすことができる。このようなデータ圧縮法は，**ベクトル量子化**（VQ: vector quantization）と言う。実際，LVQ は，VQ の教師ありバージョンである。

また，プロトタイプ集合 P をもとに，元の n 次元データを k 次元空間に線型変換することもできる。変換行列の各列はプロトタイプである。ここで，$k \ll n$ の場合，データの次元が大幅に圧縮される。変換されたデータに対して，さらに LVQ を利用して k 次元のプロトタイプを求めることができる。このような 2 階層のパターン認識システムは，LVQ ニューラルネットワークと呼ばれる。

6.4.3　R^4 規則

以上の説明では，プロトタイプ数がユーザによって決められると仮定した。しかし，問題の複雑さは，事前にわからない場合が多いので，必要とされるプロトタイプ数も事前に決定することは難しい。この問題を解決するためには，R^4 **規則**（R^4-Rule）というアルゴリズムが提案されている [14, 15]。図 6.10 は R^4 規則の概念図である。R^4 規則は，以下の 4 つの操作から構成される：

表6.5 プロトタイプの重要度を求める方法

---

1) 勝者の決定：任意のパターン x に対して，もしプロトタイプ p が以下の条件を満足すれば，p が勝者である．
   ・x と同じクラスラベルを持つ．
   ・違うクラスラベルを持っているどのプロトタイプよりも x に近い．
   ・上記の2つの条件を満たす他のプロトタイプより高い重要度を持つ．
2) 重要度の更新：以上で決めた勝者の重要度は以下のように更新する：
$$\text{fitness}(\mathbf{p}) = \text{fitness}(\mathbf{p}) + \delta \tag{6.24}$$
ただし，δ は小さい正の数である．

---

1) 認識 (Recognition)：観測データを用いて現在システムの性能と各プロトタイプの重要度 (fitness) をテストする．
2) 記憶 (Remembrance)：現在システムで認識できないパターンがある場合，それらのパターンの一部（通常は一つ）を記憶する．
3) 忘却 (Reduction)：現在システムの性能が十分良ければ，あまり利用されていないプロトタイプを削除し，システムの小型化を図る．
4) 復習 (Review)：LVQ を利用して現在システムを更新する．

実際，R^4 規則という名前は，以上の4つの操作の英文の頭文字である．「認識」操作は，現在システムの性能（例えば，認識率）を，訓練集合を使ってテストする．そのテスト結果は，次の操作が「記憶」なのか，「忘却」なのかを決める．具体的に，システムの性能があまり良くなければ，認識できないパターンを一つ選んで，それを新しいプロトタイプとする．逆に，システムの性能が十分良ければ，プロトタイプの中から，あまり利用されていないものを一つ選んでそれをプロトタイプの集合から外す．このように得られたシステムは，復習操作で更新される．復習操作は，基本的にLVQである．

ここで，プロトタイプの重要度をどう決めるかがポイントである．実際，コンパクトなシステムを設計するためには，それぞれのプロトタイプが，できるだけ多くのデータの代表パターンになる必要がある．したがって，重要なプロトタイプの近傍には，必ず多くのデータが集まっている．表6.5は，プロトタイプの重要度を求める一つの方法を示す．

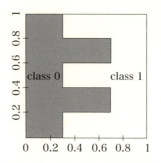

図 6.11　直線クラス境界線問題

表 6.6　例題 6.9 の結果

クラス 0 のプロトタイプ	クラス 1 のプロトタイプ
(0.048296, 0.827414)	(0.847078, 0.356892)
(0.228646, 0.248717)	(0.551071, 0.427418)
(0.550853, 0.771827)	(0.551475, 0.827253)
(0.429797, 0.220361)	(0.844268, 0.778659)
(0.554753, 0.364483)	(0.430515, 0.183015)

例題 6.8　図 6.11 のような直線クラス境界線（SLCB: straight line class boundaries）問題がある．この問題において，2 つのクラスは数本の直線で分けられている．この問題を解決する最近傍識別器（NNC）を求めよ．

[解答]　まず訓練集合 Ω を求める．そのために，各クラスに対応する領域からそれぞれ 3,200（計 6,400）個のデータをランダムに生成する．システムの性能をテストするために，別の 3,200×2 個のデータを生成し，Ω_{test} に入れる．表 6.6 は，R^4 規則を利用して得られた NNC のプロトタイプを示す．

すべての訓練データをプロトタイプとして利用すると，テストデータに対する認識率は 99.03% である．これに対して，R^4 規則で得られた 10 個のプロトタイプを利用すると，テストデータに対する認識率は 99.52% である．　□

演習問題 6.7　例題 6.8 の問題に対して，R^4 規則で得られたプロトタイプを図に描いて，対応する判別境界線を示せ。

第 6 章の参考文献

[1] T. M. Cover and P. E. Hart, "Nearest Neighbor Pattern Classification," *IEEE Trans. on Information Theory*, Vol. IT-13, No. 1, pp. 21-27, Jan. 1967.
[2] P. Belhumeur, J. Hespanha, and D. Kriegman, "Eigenfaces vs. Fisherfaces: Recognition Using Class Specific Linear Projection," *IEEE Trans. on Pattern Analysis and Machine Intelligence*, Vol. 19, No. 7, pp. 711-720, 1997.
[3] K. Etemad and R. Chellapa, "Discriminant Analysis for Recognition of Human Face Images," *J. Optics of Am. A*, Vol. 14, No. 8, pp. 1724-1733, 1997.
[4] R. C. Aster, Brian Borchers, and Clifford H. Thurber, *Parameter Estimation and Inverse Problems*, Second Edition, Elsevier, 2013.
[5] 正則化, Wikipedia, https://ja.wikipedia.org/wiki/正則化, 2015 年 11 月 2 日　更新.
[6] M. Ishikawa, "Structural Learning with Forgetting," *Neural Networks*, Vol. 9, No. 3, pp. 509-521, 1998.
[7] W. Yang, L. Jin, Z. Xie, Z. Feng, "Improved Deep Convolutional Neural Network for Online Handwritten Chinese Character Recognition Using Domain-Specific Knowledge," Proceedings of the 13th International Conference on Document Analysis and Recognition (ICDAR), pp. 551-555, 2015.
[8] K. P. Murphy, *Machine Learning - a Probabilistic Perspective*, The MIT Press, 2012.
[9] C. Cortes, V. Vapnik, "Support-Vector Networks," *Machine Learning*, Vol. 20, pp. 273-297, 1995.
[10] T. Kohonen, "Learning Vector Quantization," The Handbook of Brain Theory and Neural Networks, Edited by M. A. Arbib, Cambridge, MA: MIT Press, pp. 537-540, 1995.
[11] S. Geva and J. Sitte, "Adaptive Nearest Neighbor Pattern Classification," *IEEE Trans. on Neural Networks*, Vol. 2, No. 2, pp. 318-322, 1991.
[12] T. Kohonen, "The 'Neural' Phonetic Typewriter," *IEEE Computer*, Vol. 27, No. 3, pp. 11-22, 1988.
[13] J. B. MacQueen, "Some Methods for Classification and Analysis of Multivariate Observations," Proceedings of the 5th Berkeley Symposium on Mathematical Statistics and Probability, University of California Press. pp. 281-297, 1967.
[14] Q. F. Zhao and T. Higuchi, "Evolutionary Learning of Nearest Neighbor MLP," *IEEE Trans. on Neural Networks*, Vol. 7, No. 3, pp. 762-767, 1996.
[15] Q. F. Zhao, "Stable On-Line Evolutionary Learning of NN-MLP," *IEEE Trans. On Neural Networks*, Vol. 8, No. 6, pp. 1371-1378, 1997.

7 グラフ構造に基づく学習

第6章では，機械学習の基礎を紹介し，近傍あるいは類似度に基づく学習について説明した．近傍に基づく学習は，基本的にはノンパラメトリックな学習方法で，簡単で実装しやすい利点がある．しかし，このようにして得られるモデルは，計算コストが大きくなりやすい．本章では，よりスマートな学習モデルとそれに基づく学習方法を紹介する．このような学習モデルは通常グラフ構造を持ち，そのグラフ構造を見ることで，情報処理や推論の流れを理解することができる．グラフ構造に基づく学習モデルは数多く提案されているが，紙面の関係で，本章ではニューラルネットワークと決定木およびその組み合わせだけを紹介する．より詳しい内容については，関連文献を参照すること [1-3]．

7.1 ニューラルネットワークに基づく学習

ニューラルネットワーク（NN: neural network）には，さまざまなモデルがある．最も良く知られているものとして，第5章で紹介した**多層パーセプトロン**（MLP: multilayer perceptron）あるいは階層型 NN と，第6章で紹介した自己組織ニューラルネットワーク（self-organizing neural network）などがある．NN のモデルは他にも多数あるが，興味がある読者は関連資料を参照すること [4,5]．本節では，まず MLP に基づく学習を考える．

7.1.1 単一ニューロンに基づく学習

まず，単一ニューロンの学習を考えよう．図7.1のニューロンのモデルは，マカロック-ピッツモデルである．このモデルによると，ニューロンが，多入力一出力（multi-input-single-output）のシステムであり，以下の式で表すことができる：

$$y = g(u) = \begin{cases} 1 & if\ u \geq 0 \\ 0 & otherwise \end{cases} \tag{7.1}$$

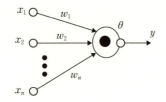

図 7.1 マカロック-ピッツモデル

$$u = \sum_{i=1}^{n} w_i x_i - \theta \tag{7.2}$$

ただし，g は**活性化関数**（activation function），u は**効果的入力**（effective input），θ はニューロンを活性化させるための**閾値**（threshold）あるいは**バイアス**（bias），w_i は**結合荷重**（connection weight）である．式 (7.2) は入力パターンの一次関数，あるいは 1 つの超平面を定義し，式 (7.1) はある概念を認識するための判別式である．したがって，ニューロンは，線型識別器であり，線型分離可能な 2 クラス問題を解決することができる．学習とは，ニューロンの結合荷重と閾値を決めることである．

これからの説明を簡単化するために，閾値も結合荷重の一つと見なす．すなわち，入力パターン **x** を $n+1$ 次元に拡張し，θ を w_{n+1} として，x_{n+1} を常に -1 に固定する．また，訓練集合 Ω が与えられたとする．以下の式は，ニューロンの学習則となる：

$$\mathbf{w}^{new} = \mathbf{w}^{old} + cr\mathbf{x} \tag{7.3}$$

ただし，c は**学習定数**（learning rate），r は**学習信号**（learning signal），**x** は Ω にあるパターンである．学習信号 r の与え方によって異なる**学習則**（learning rule）が得られる．例えば，良く知られている**パーセプトロン学習則**（perceptron learning rule）において，学習信号は次式で与える：

$$r = d - y \tag{7.4}$$

ただし，d と y はそれぞれ **x** に対するニューロンの**期待出力**（desired output）と**実出力**（actual output）である．また，活性化関数 $g(u)$ の一階導関数 $g'(u)$ が存在するならば，以下のデルタ学習則（delta learning rule）が使用できる：

表 7.1 パーセプトロン学習則に基づくニューロン学習

Step 1: 初期化：
　　　　1) 結合荷重：乱数で初期化する。
　　　　2) 学習周期のカウンター：$j=1$
　　　　3) パターン数のカウンター：$i=1$
Step 2: 訓練集合 Ω から i 番目のパターンを取り出す。
Step 3: 結合荷重の更新：
　　　　1) 式 (7.2) で効果的入力を求める。
　　　　2) 式 (7.1) で実出力を求める。
　　　　3) 式 (7.4) で学習信号を求める。
　　　　4) 式 (7.3) で結合荷重ベクトルを更新する。
Step 4: $i=i+1$；i が $|\Omega|$ より小さければ，Step 2 に戻る。
Step 5: $j=j+1$；j が最大学習周期より小さければ，$i=1$ として，Step 2 に戻る。そうでなければ，学習を終了する。

$$r = \delta = (d-y)g'\left(\sum_{i=1}^{n+1} w_i x_i\right) \tag{7.5}$$

パーセプトロン学習則は，活性化関数がステップ関数のときに使用され，**デルタ学習則**は，活性化関数がシグモイド関数のときに使用される。与えられた訓練集合にあるパターンが線型分離可能である場合，パーセプトロン学習則は有限ステップで収束する [6]。また，同じ条件で，デルタ学習則も収束し，得られた結果の二乗誤差（式 (6.15)）は極小となる。実際，デルタ学習則は二乗誤差を最小となるように導かれたものである。

表 7.1 はパーセプトロン学習則に基づくニューロンの学習過程である。その中で主な操作は Step 3 である。Step 3 は，まずニューロンの効果的入力，ニューロンの実出力，学習信号を計算し，そしてニューロンの結合荷重を更新する。この表では，最大学習周期を用いて学習の終了判定をしているが，実際，どれくらい学習すれば良いかは事前にわからないので，誤差を用いて学習を終了させることができる。ここで誤差とは，例えば，以下のように定義することができる：

$$E = \sum_{i=1}^{|\Omega|} |d^i - y^i| \tag{7.6}$$

ただし，d^i と y^i は i 番目の訓練パターンに対する期待出力と実出力である。この誤差はすべての訓練パターンに対する積算誤差である。

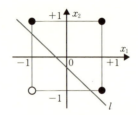

図 7.2　4 パターン分類問題

表 7.2　例題 7.1 の結果

学習周期	結合荷重	誤差
1	0.117988　0.106789　　0.748825	1
2	1.117988　1.106789　−0.251175	0

例題 7.1　図 7.2 に示すように，平面上に 4 つのパターン $(1,1)$，$(1,-1)$，$(-1,1)$，$(-1,-1)$ がある．対応する教師信号あるいはクラスラベルはそれぞれ 1，1，1，−1 である．パーセプトロン学習則をもとに，与えられた 4 つのパターンを，指定したクラスに分類するニューロンを求めよ．

[解答]　表 7.1 の手順に従って計算すると，表 7.2 の結果が得られる．ただし，誤差は誤分類の数である．得られたニューロンに対応する判別境界は以下の直線 l である：

$$l : 1.117988 x_1 + 1.10689 x_2 = -0.251175$$

この線も図 7.2 に示されている．図からわかるように，与えられた 4 つのパターンは，この直線 l によって，正しく 2 つのクラスに分類されている．　　□

表 7.1 の Step 1 において，結合荷重が乱数で初期化されているので，例題 7.1 の結果は，実行するたびに異なる．また，Step 3 に使う式 (7.4) を，式 (7.5) に差し替えれば，デルタ学習則に基づく学習となる．ただし，活性化関数は式 (5.11) または式 (5.12) で与えられ，その一階導関数は，以下のように計算され

る（$\lambda=1$ とする）：

$$s'_u(x) = s_u(x)(1-s_u(x)) \tag{7.7}$$

$$s'_b(x) = \frac{1}{2}(1-s_b^2(x)) \tag{7.8}$$

演習問題 7.1 表7.1をもとに，デルタ学習則に基づく学習過程を書け．

7.1.2　多層パーセプトロンに基づく学習

　例題7.1からもわかるように，一つのニューロンは線形分離可能な問題を解決できる．ニューロンの数を増やせば，複数の線型分離可能な問題を同時に解決することができる．しかし，非線形問題はニューロン数を増やすだけでは解決できない．非線形問題を解決するためのモデルとして，階層型ニューラルネットワークあるいは**多層パーセプトロン**（MLP: multilayer perceptron）がある．

　図7.3は一つの中間層あるいは隠れ層を持つMLPの構造を示す．構造的には，MLPが重み付き有向非巡回グラフ（weighted directed acyclic graph）の一種である．入力層のノードは入力データを一時的に記憶するためのバッファで，中間層と出力層のノードは，ニューロンである．入力ノードの数は，問題空間の次元に対応する．出力ノードの数は，通常，次のように決める：

- 概念学習の場合，一つの概念を一つの出力ノードに対応させる．
- 回帰（regression）あるいは関数近似の場合，一つの従属変数（dependent

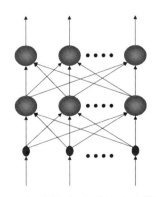

図7.3　多層パーセプトロンの構造

variable）を一つの出力ノードに対応させる．

例題 7.2 郵便番号の自動識別問題において，認識対象は 0 から 9 までの数字とハイフンである．この問題を解決する多層パーセプトロン（MLP）の出力ノード数を与えよ．

[解答] クラス数は 11（10 個の数字とハイフン）なので，MLP の出力ノード数を 11 にすることができる．あるいは，11 個のクラスを，4 ビットの 2 進数で表現することによって 4 出力の MLP を使用することもできる．この場合，出力ノード数は少なくなるが，判別境界は難しくなる可能性があり，システム全体の規模は必ずしも小さくならない． □

演習問題 7.2 例題 6.1 の顔検出問題を解決する多層パーセプトロン（MLP）の出力ノード数を与えよ．

中間層のノード数は，MLP の近似性能を左右する．中間層が一つで，**中間ノード数**は十分多ければ，MLP が任意の問題を解ける [7, 8]．すなわち，MLP は万能な近似機械（universal approximator）であり，どんな知識も学習することができる．したがって，図 6.4 において，学習対象に関する知識があまりなければ，学習者モデルとして，MLP は良い選択肢である．

MLP を使用する際に，中間ノード数を適切に決める必要がある．中間ノード数が多すぎると，**過剰学習**（over fitting）の問題がある．この場合，学習モデルが強力すぎて，雑音までも学習してしまう．逆に，中間ノード数が少なすぎると，学習が収束しないか，収束しても高い性能が得られない．中間ノード数を決める方法は，いくつか提案されているが，ここではその説明を省略する．興味がある読者は文献を参照すること [9-12]．

次に，MLP の学習について説明しよう．表 7.3 は使用する記号を示す．まず，出力層の学習を考える．出力ノードの結合荷重は，単一ニューロンの学習と同じように更新することができる．即ち，任意のデータ $\mathbf{x}$ に対して，

1）中間ノードの出力を求める．
2）中間ノードの出力から，出力ノードの出力を求める．

表 7.3 MLP 学習に使用する記号

x_i	i 番目の入力
y_j	j 番目の中間ノードの出力
z_k	k 番目の出力ノードの実出力
d_k	k 番目の出力ノードの期待出力
v_{ji}	i 番目の入力と j 番目の中間ノードの間の結合荷重
w_{kj}	j 番目の中間ノードと k 番目の出力ノードの間の結合荷重
I	入力ノードの数
J	中間ノードの数
K	出力ノードの数

3）各出力ノードに対して，次の式 (7.9) と (7.10) で学習信号と結合荷重を更新する：

$$\delta_{zk} = (d_k - z_k)g'(u_k), \quad \text{where } u_k = \sum_{j=1}^{J+1} w_{kj}y_j \qquad (7.9)$$

$$w_{kj}^{new} = w_{kj}^{old} + c\delta_{zk}y_j \qquad (7.10)$$

ただし，式 (7.9) と (7.10) は，それぞれ式 (7.5) と式 (7.3) を書き直したものである。

MLP の学習において，中間ノードの結合荷重をどう求めるかがポイントである。この問題を解決する方法として，**誤差逆伝播法**（BP: back propagation）が良く知られている [13]。BP アルゴリズムは，中間ノードの学習信号を出力ノードの学習信号から逆算することによって，中間ノードの結合荷重を更新する方法である。具体的に，中間ノードの学習信号は以下のように求められる：

$$\delta_{y_j} = g'(u_j) \sum_{k=1}^{K} \delta_{zk}w_{kj}, \quad \text{where } u_j = \sum_{i=1}^{I+1} v_{ji}x_i \qquad (7.11)$$

これをもとに，中間ノードの結合荷重は以下のように更新される：

$$v_{ji}^{new} = v_{ji}^{old} + c\delta_{y_j}x_i \qquad (7.12)$$

ここで，活性化関数は連続で，しかもその一階導関数が存在すると仮定する。この仮定が成立しない場合は，BP アルゴリズムが使えない。また，出力ノードの

表 7.4 MLP 学習の誤差逆伝播（BP）アルゴリズム

Step 1：	初期化：
	1）結合荷重：乱数で初期化する。
	2）学習周期カウンター：j を 1 にリセットする。
	3）パターン数のカウンター：i を 1 にリセットする。
Step 2：	訓練集合から i 番目のパターンを取り出す。
Step 3：	結合荷重の更新：
	1）中間層，出力層の順でノードの出力を求める。
	2）出力層，中間層の順でノードの学習信号を求める。
	3）すべてのノードの結合荷重を更新する。
Step 4：	$i=i+1$；i が $|\Omega|$ より小さければ，Step 2 に戻る。
Step 5：	$j=j+1$；j が最大学習周期より小さければ，$i=1$ として，Step 2 に戻る。そうでなければ，学習を終了する。

$J+1$ 番目の結合荷重と中間ノードの $I+1$ 番目の結合荷重に対応し，y_{I+1} と x_{I+1} は -1 に固定される．以上をまとめると，BP アルゴリズムに基づく MLP 学習過程は表 7.4 に示される．

表 7.1 と表 7.4 を比較するとわかるように，MLP の学習は単一ニューロンの学習と同じ流れである．ただし，学習を誤差に基づいて終了させる場合には，誤差は以下のように計算される：

$$E = \frac{1}{2} \sum_{i=1}^{|\Omega|} \sum_{k=1}^{K} (d_k^i - z_k^i)^2 \tag{7.13}$$

この E は，すべての訓練データとすべての出力に対する積算二乗誤差である．

演習問題 7.3 表 7.4 の Step 3 の計算を行うために必要とされるすべての式を与えよ．

実際，学習信号を求める式（7.9）は式（7.5）を書き直したもので，式（7.11）は式（7.9）をもとに逆算されたものである．したがって，BP アルゴリズムは拡張デルタ学習則（extended delta learning rule）とも呼ばれる．また，BP もデルタ学習則も，式（7.13）の積算二乗誤差を評価基準として，最急降下法を利用して導かれたものである（最急降下法については第 8 章で紹介する）．したがって，どちらも収束したら二乗誤差の最適解が得られる．ただし，その最適解は，局所的であり，大局的である保証はない．

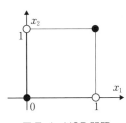
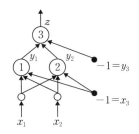

図 7.4 XOR 問題　　図 7.5 XOR 問題を解く MLP の構成

例題 7.3　図 7.4 は排他的論理和（XOR: exclusive disjunction）問題を示す。XOR の論理式は以下のようになる：

$$y = \overline{x_1}x_2 \vee x_1\overline{x_2} \tag{7.14}$$

ただし，x_1, x_2, y は，2 値の論理変数である。実際，XOR は点 $(0,0)$ と $(1,1)$ を負のクラス，$(1,0)$ と $(0,1)$ を正のクラスに分類する問題である。中間層のないニューラルネット（すなわち，単純なパーセプトロン）は，XOR 問題を解くことができない [14]。しかし，中間層を導入すれば，XOR が解けるようになる。図 7.5 は XOR を解くための MLP の構成図である。BP アルゴリズムを利用して，この MLP の結合荷重を求めよ。

[解答]　BP アルゴリズムに基づいて，乱数で与えられた結合荷重を初期値として，以下の結果が得られる：

出力ノードの結合荷重：
-0.839925　0.782646　-0.602153

中間ノードの結合荷重：
0.638360　-0.509153　-0.316935
0.319389　-0.472554　　0.068378

当然，BP アルゴリズムは，局所的最適解しか与えられない。また，初期値を変えれば，結果も変わる。上の解は，あくまで一つの実行例で

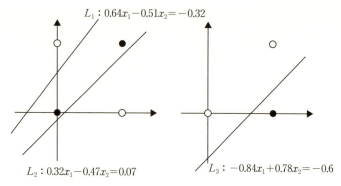

図 7.6　左図：中間ノードに対応する直線，右図：出力ノードに対応する直線

ある。

　各ノードは，直線的判別境界線に対応するので，それらを図で描くと，図 7.6 のようになる。左図でわかるように，2 つの中間ノードに対応する直線が 4 つの点を 3 つのグループに分ける。すなわち，2 本の線の間にある点と，その両側にある点である。この 2 本の線で作られた新しい座標系において，もともと両側にある点はそれぞれ $(0,0)$ と $(1,1)$ に写像され，その間にある点は，$(1,0)$ に写像される。これによって，もともと線型分離不可能な XOR 問題が，線型分離可能となる。出力ノードに対応する直線は，その判別境界線となる。　□

演習問題 7.4　図 7.6 にある直線の式をもとに，各座標軸の正しい名称を与えよ。

7.2　決定木に基づく学習

　前節の説明からもわかるように，ニューラルネットワーク（NN）を利用すれば，知識を学習し，さまざまな問題を解決することができる。しかし，NN の推論過程あるいはその振る舞いを理解するためには，学習結果を論理式やルールなどの形に変換する必要がある。理論的には，この変換は NP 困難な（NP-hard）問題なので，学習済みの NN を解釈することはあまり得策ではない [15]。その意味で，最初から解釈しやすいモデルを利用して学習すると良いかもしれない。解

釈しやすい学習モデルとして，**決定木**（decision tree）がある．本節は，まず単一変数決定木の設計方法を説明し，次いで最近傍識別器（NNC）や多層パーセプトロン（MLP）などを利用した多変数決定木を紹介する．

7.2.1 決定木の構成

決定木は，ツリー（木）構造（tree structure）の一種である．ツリー構造も有向非巡回グラフである．図 7.7 は決定木の一例を示す．この例は，ある動物が観測されたときに，それがどのようなものなのかを判断する決定木である．もちろん，この例は，決定木の原理を説明するためのものであり，動物学の完璧さを保証しない．図からわかるように，決定木には，中間ノード（丸，internal node）と終端ノード（四角，terminal node）の 2 種類のノードがある．中間ノードは各自の判断条件を持ち，**局所判断**（local decision）を下す．終端ノードは，結論（概念の名称あるいはクラスラベル）を持ち，**最終判断**（final decision）を下す．中間ノードの判断条件は，通常**テスト関数**（test function）の形で与えられる．図 7.7 の例においては，テスト関数は簡単なルールで与えられている．すなわち，与えられたパターン（観測された動物）は，指定した特徴（肉を食べる，体が大きい，など）があるかどうかによって次に訪問するノードが決められる．

決定木のノードは，多層パーセプトロン（MLP）と違う意味を持つ．決定木の場合，どの中間ノードも，決断するためには，外部からの入力を使用する．一番上のルートノード（root node）から下へ行くにつれて問題の規模が縮小され，結果的に最終判断を下しやすくなる．MLP の場合（図 7.3），下の層の出力は上の層の入力となり，外部入力は，入力層にしか使用されない．上に行くにつれてデータが抽象化され，結果的に最終判断を下しやすくなる．

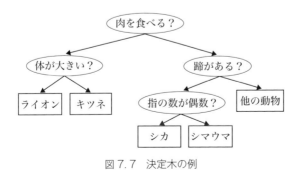

図 7.7　決定木の例

表7.5 決定木に基づく決定過程

Step 1:	現在ノード n をルートノードとする。
Step 2:	n が終端ノードであれば，その結論を出力し，終了する。
Step 3:	n の条件が満たされた場合，n に n の左ノード，満たされない場合は，n に n の右ノードを代入し，Step 2 に戻る。

7.2.2 決定木による推論

任意の外部入力（観測パターン）が属する概念は，表7.5のように再帰的に決める。例えば，観測した動物は，肉食動物であり，体が小さいとの特徴があるとして，ルートノードからスタートして，左，そして右の順をたどり，この動物がキツネであることがわかる。

実際，決定木も一種の探索木である。ただし，目標ノードは予め与えるものではなく，観測データが持っている特徴によって決められる。通常，決定木はパターン認識にそのまま応用できるが，複数の終端ノードの結論を，例えば線型結合の形で利用することによって，決定木を回帰や関数近似にも応用できる。ここでは，紙面の関係で，パターン認識だけについて説明する。

演習問題 7.5　ある動物は，(1) 肉食ではない，(2) 蹄がある，(3) 指の数が偶数である。図7.7と表7.5に従ってこの動物の名前を判断せよ。

7.2.3 単一変量決定木の学習

今，決定木に基づく学習を考えよう。ニューラルネットワーク（NN）の学習と同じように，決定木を生成するためにも，訓練集合を用意する必要がある。決定木は，訓練集合を再帰的に分割することによって生成される。生成過程において，主にノードの分割，終端ノードの判断，終端ノードのクラスラベルの決定の3つの操作がある。その中で最も重要であり，かつ時間が掛かるものがノードの分割である。

ノードを分割するために良いテスト関数を見つける必要がある。テスト関数の良さを評価する基準がいくつか提案されているが，生成された決定木の性能はテスト関数の評価基準にあまり影響されないことが知られている [16]。ここで，評価基準として，**情報利得率**（IGR: information gain ratio）を紹介する。IGR はもともと Quinlan により提案され，良く知られている決定木生成プログラム C4.5

表 7.6　決定木の学習過程

Step 1:	ルートノードにすべての訓練データを割り当て，それを Open List に入れる。
Step 2:	Open List の先頭からノードを一つ取り出し，それを現在ノード n とする。Open List が空である場合は終了する。
Step 3:	n が終端ノードであるかどうかを判定する。終端ノードであれば，そのラベルを定義して Step 2 に戻る。
Step 4:	n が終端ノードではない場合，そのテスト関数を求める。
Step 5:	テスト関数を使用して n に割り当てたデータを N 個の部分集合に分割する。
Step 6:	それぞれの部分集合のデータを一つの子ノードに割り当てる。部分集合が空ではなければ，対応する子ノードを Open List に追加する。
Step 7:	Step 2 に戻る。

で使用されている [17]。

　IGR を最大とするテスト関数を F として，この F をもとにして現在ノードに割り当てた訓練データを分割すると，任意のデータのラベルを特定するための平均情報量は最小となる。いま，S は現在ノードに割り当てたデータの集合であり，n_i は S にある i 番目のクラスに属するデータの数（$i=1, 2, \cdots, N_c, N_c=$ クラス数）であるとする。任意のデータを認識するための平均情報量（エントロピー）は以下のように求められる：

$$I(S) = -\sum_{i=1}^{N_c} \frac{n_i}{|S|} \times \log_2\left(\frac{n_i}{|S|}\right). \tag{7.15}$$

データ集合 S をテスト関数 F によって N 個の部分集合 $S_1, S_2, \cdots, S_N$ に分割したとして（2 分木の場合は $N=2$），分割後の情報量は

$$I_F(S) = \sum_{i=1}^{N} \frac{|S_i|}{|S|} \times I(S_i) \tag{7.16}$$

である。このときの IGR は以下のように定義される：

$$R_g(F) = \frac{I(S) - I_F(S)}{-\sum_{i=1}^{N} \frac{|S_i|}{|S|} \times \log_2\left(\frac{|S_i|}{|S|}\right)}. \tag{7.17}$$

　以上の議論をもとに，決定木の学習は，表 7.6 のようになる。この表において，Open List はスタックまたはキューで実装できる。最初の Step 1 は，すべての訓練データをルートノードに割り当てる。Step 3 は，現在ノードが終端ノードであるかどうかを判定し，終端ノードである場合はそのクラスラベルを定義する。終端ノードの判定は，通常，現在ノードに割り当てられたデータがすべて同じクラ

スに属すかどうかによって行われる。実際，現在ノードに割り当てられたすべてのデータが同じクラスに属さなくとも，大部分のデータが同じクラスに属せば，現在ノードを終端ノードにすることは可能である。この場合，終端ノードのラベルは多数決で，すなわち，最もデータ数が多いクラスと決める。

Step 4 は，現在ノードが中間ノードであり，そのテスト関数を求める。2 分決定木（binary decision tree）の場合，以下のテスト関数は良く使用される：

$$F(\mathbf{x}) = \begin{cases} 1 & x_i \geq a_i \\ -1 & x_i < a_i \end{cases} \tag{7.18}$$

すなわち，テスト関数は，データ $\mathbf{x}$ の i 番目の特徴 x_i が閾値 a_i 以上であれば 1，そうではなければ -1 となる。データ $\mathbf{x}$ は，テスト関数値が 1 のときに左子ノード，-1 のときに右子ノードに割り当てられる。

決定木の学習過程において，x_i と a_i は以下のように選ばれる。まず，パターンの次元は n であるとし，各特徴の取りうる値の数は m 以下であるとする。明らかに m は，訓練データの数 $|\Omega|$ よりは大きくない。各特徴に対して，その取りうる値を順番に並べると，隣り合う値の平均値は 1 つの閾値となる。すべて可能な特徴と閾値の組み合わせの数は $n \times m$ 以下である。これらの組み合わせの中から，式（7.7）を最大にするものを選んで，データを 2 つの部分集合に分けると，任意のデータを識別するために必要とされる情報量は最も少なくなる。分枝数 N が 2 より大きい場合は，式（7.8）を拡張する必要がある。例えば，$N=3$ のとき，2 つの閾値を使う必要がある。

Step 5 は，以上のように求めたテスト関数を利用して，現在ノードに割り当てられたデータを N（2 分木の場合は $N=2$）個の部分集合に分割する。Step 6 は，分割によって得られたそれぞれの部分集合のために新しい子ノードを作り，それらの子ノードを Open List に追加する。

例題 7.4 機械学習のアルゴリズムの性能を検証するために，UCI（University of California, Irvine）の機械学習リポジトリにある fisher iris というデータベースが良く使用される。このデータベースには，150 個のアヤメデータがある。特徴として花弁の広さ x_1，花弁の長さ x_2，萼片の広さ x_3，萼片の長さ x_4 がある。これらの 4 つの特徴で，アヤメを 3 クラスに分類したい。クラス 1 は Setosa，クラス 2 は Verginica，クラ

表 7.7　Fisher iris データベースの決定木

ノード ID	テスト関数
1	$x_3 < 2.45$ の場合はノード 2，elseif $x_3 \geq 2.45$ の場合はノード 3
2	クラス=setosa
3	$x_4 < 1.75$ の場合はノード 4，elseif $x_4 \geq 1.75$ の場合はノード 5
4	$x_3 < 4.95$ の場合はノード 6，elseif $x_3 \geq 4.95$ の場合はノード 7
5	クラス=virginica
6	$x_4 < 1.65$ の場合はノード 8，elseif $x_4 \geq 1.65$ の場合はノード 9
7	クラス=virginica
8	クラス=versicolor
9	クラス=virginica

ス 3 は Versicolor である。この問題を決定木で解け。

[解答]　決定木を設計するツールとして，C4.5 [17] などがある。ここで MATLAB にあるものを利用して，決定木の使い方を説明する。MATLAB には fitctree という関数があり，それにデータとそのクラスラベルを代入すれば，決定木が設計できる。この例では，以下の文が使える：

1. load fisheriris % データをロードする。
2. ctree = fitctree(meas,species); % 決定木を設計する。
3. view(ctree); % 決定木をルールの形で表示する（表 7.7）。
4. view(ctree,'mode','graph'); % 決定木をグラフの形で表示する。

ただし，meas と species は，それぞれデータ集合とラベル集合である。　　□

演習問題 7.6　表 7.7 あるいは図 7.8 を，3 つの If-Then ルールに直せ（ヒント：結論が同じクラスのルールを，選言（∨）を使って結合すれば良い）。

表 7.6 は決定木学習の基本過程であるが，それを改善することができる。例えば，ノードが分割していくと，現在ノードに割り当てられた訓練データはだんだ

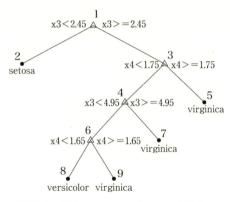

図 7.8 Fisher iris データベースの決定木

ん少なくなるので，それをもとに求めたテスト関数は一般性がなく，信頼性が低い。この問題を解決するためには，枝刈（pruning）という方法がある。枝刈は，統計的にあまり信頼性のない枝あるいは対応する部分木を削除することによって，過剰学習を避け，決定木の汎化能力を向上することができる。

7.2.4 多変量決定木

決定木において，中間ノードの役割は，与えられたデータについて，ある判断を下すことである。基本的に，その判断は，これまでの判断（上のノードの判断）を生かしつつ，問題をさらに簡単化することができれば良い。したがって，中間ノードが判断を下すために使用するテスト関数は，式 (7.18) のように一つの特徴（単変量：univariate）だけを利用しても良いが，複数の特徴（多変量：multi-variate）を同時に利用することもできる。多変量テスト関数（multi-variate test function）を利用すると，各中間ノードの決定能力が高くなり，結論はより少ないステップで得られる。

例題 7.5 図 7.9 の (b) は多変量決定木である。この決定木は，図 7.9 の (a) のように，2 次元平面を 4 つの領域に分ける。この決定木を単変量決定木で実現する可能性について検討せよ。

[解答] 単変量テスト関数は，軸に並行する直線に対応する。図 7.9 の (b) で示す決定木の各中間ノードは，軸に対して斜めの直線判別境界を作

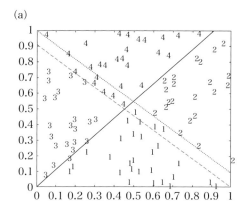

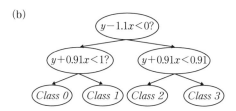

図 7.9　多変量決定木の例：(a) データの分布，(b) 決定木

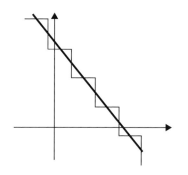

図 7.10　軸並行型直線による斜線の近似

る．このような斜線を軸並行型直線で近似すると，図 7.10 に示すように，数回に分ける必要がある．近似精度が高いほど必要とされる軸平行型直線が多くなる．したがって，図 7.9 の決定木は，単変数決定

表 7.8 多変量テスト関数を求めるためのヒューリスティックス

Step 1 :	各部分集合を最初に空集合にリセットする。
Step 2 :	S からデータ $\mathbf{x}$ を取り出す。
Step 3 :	S_i に, $\mathbf{x}$ と同じラベルを持つ $\mathbf{q}$ がある場合, $\mathbf{x}$ を S_i に入れる。
Step 4 :	Step 3 の条件を満たす $\mathbf{q}$ は存在しないが, 空である S_i が存在すれば, $\mathbf{x}$ を S_i に入れる。
Step 5 :	Step 4 の条件を満たす部分集合がない場合, すべての部分集合から, $\mathbf{x}$ の最近傍 $\mathbf{p}$ を見つけ, $\mathbf{x}$ を $\mathbf{p}$ と同じ部分集合に入れる。
Step 6 :	Step 2 に戻る。

木で実現できるが，必要とされる中間ノードが非常に多くなる可能性がある。言い換えれば，任意のデータに対して，結論を下すために必要とされるステップ数が多くなる。また，もともと単純な概念を，軸並行型直線で表現すると，わかりにくくなる。 □

上の例からわかるように，それほど難しくない問題でも，単変量決定木で解くと，効率が非常に悪くなる可能性があり，得られた知識がわかりにくくなる可能性もある。この問題を解決するために，多変量のテスト関数を使えばよい。多変量テスト関数のモデルとして，これまでに紹介した最近傍識別器（NNC）と多層パーセプトロン（MLP）などがある [18, 19]。中間ノードに NNC を利用する決定木は **NNC-Tree** と言い，MLP を利用する決定木は **NNTree** と言う。

基本的に，多変量決定木の学習過程は単変量の場合と同じであり，表 7.6 はそのまま利用できる。ここで，Step 4 におけるテスト関数の求め方がポイントである。テスト関数は単変量である場合，簡単な列挙でも最適なものが求められる。しかし，最適な多変量テスト関数を求めることは NP 完全問題である [20]。多変量決定木を効率的に構築するために，表 7.8 で示すヒューリスティックスがある。ここで，S が現在ノードに割り当てたデータの集合であるとして，表 7.8 のヒューリスティックスは，S を部分集合 $S_1, S_2, \cdots, S_N$ に分割する。この分割（partition）を N クラス問題とみなして，対応する NNC あるいは MLP を求めることができる。これを各中間ノードに対して再帰的に行えば，NNC-Tree あるいは NNTree を設計することができる。もちろん，各中間ノードにある NNC あるいは MLP は，これまでに紹介した方法がそのまま使える。このように得られた多変量決定木は，一般に単変量決定木よりも高い精度を示す。詳細について興味

がある読者は文献を参照すること [18, 19]。

　決定木の性能は，テスト関数を多変量に拡張することによって高められる。決定木の汎化能力をさらに向上するためには，複数の木，すなわち森（forest）を利用することができる。森は，アンサンブル（ensemble）の一種である。一般に，複数の弱い学習モデルを，アンサンブルの形で利用すると，汎化能力の高いシステムが得られる。もちろん，弱い学習モデルとしては，決定木に限らず，ニューラルネットワーク（NN）でも良い。良く知られている森は，ランダムフォレスト（random forest）がある。ランダムフォレストは，その設計が非常に単純であるにもかかわらず，性能が比較的高いので，非常に実用的なモデルである [21]。しかし，携帯デバイスなどのように，計算リソースが限られている場合，アンサンブルあるいは森の規模を制限する必要がある。

7.2.5　決定木とエキスパートシステム

　決定木をエキスパートシステムへ変換することは簡単である。実際，決定木のルートノードから任意の終端ノードへのパスは，1つのプロダクションルールに対応するので，それを知識ベースに追加すればエキスパートシステムが構築できる。しかし，このように得られるエキスパートシステムは部分的決断ができない欠点がある。例えば，入力データに含まれる情報が少なく，十分な信頼度で最終決断を下すことができない場合がある。このような場合われわれは，推論過程をより細かく追跡し，入手できる情報でどこまで判断できるか，あるいは，最終判断をするために，少なくともどのような情報を集めれば良いか，などを知りたい。これに応えるためには，以下のように決定木をルールに変換する [22]。

　簡単のために，ここで2分決定木だけを考える。まず，ルートノード v は，以下のルールを定義する：

$$\begin{aligned} &\textit{If } f_v(\mathbf{x}) = 1 \textit{ Then Add } C_v^{left} \\ &\textit{Else if } f_v(\mathbf{x}) = -1 \textit{ Then Add } C_v^{right} \end{aligned} \quad (7.19)$$

ただし，$f_v(\mathbf{x})$ は v のテスト関数で，C_v^{left} と C_v^{right} は，それぞれ v の左子ノードと右子ノードに対応する概念である。$Add\ X$ とは，ワーキングメモリに概念 X を追加することを意味する。ワーキングメモリに追加された概念は，入力パターン $\mathbf{x}$ を含む全体集合 X の部分集合である。任意の中間ノード v は以下のルールを定義する：

表7.9 図7.7に対応する知識ベース

R1	If x は肉を食べる Then 肉食動物 を追加する Else if x が肉を食べない Then 肉食でない動物 を追加する
R2	If 肉食動物 ∧ x は体が大きい Then ライオン を追加する Else if 肉食動物 ∧ x は体が大きくない then キツネ を追加する
R3	If 肉食でない動物 ∧ x は蹄がある Then 有蹄動物 を追加する Else if 肉食でない動物 ∧ x は蹄がない then 他の動物 を追加する
R4	If 有蹄動物 ∧ x の指の数が偶数である Then シカ を追加する Else if 有蹄動物 ∧ x の指の数が偶数でない then シマウマ を追加する
R5	If ライオン Then ライオン を出力する
R6	If キツネ Then キツネ を出力する
R7	If シカ Then シカ を出力する
R8	If シマウマ Then シマウマ を出力する
R9	If 他の動物 Then 他の動物 を出力する

$$\begin{aligned}&If\ C_v \wedge f_v(\mathbf{x}) = 1\ Then\ Add\ C_v^{left}\\&Else\ if\ C_v \wedge f_v(\mathbf{x}) = -1\ Then\ Add\ C_v^{right}\end{aligned} \quad (7.20)$$

ただし，C_v は，ノード v が定義する概念である．終端ノード v は，以下のルールを定義する：

$$If\ C_v\ Then\ Output\ L_v \quad (7.21)$$

ここで，L_v は，終端ノード v のクラス名あるいはクラスラベルである．

例題 7.6 図7.7の決定木をプロダクションルールに変換し，得られたエキスパートシステムの前向き推論について議論せよ．

[解答] まず，以上で与えられた方法をもとに，図7.7を表7.9の知識ベースに変換する．これをもとに，例えば，ある動物 x は，肉食ではない，蹄がある，指の数が偶数である，などの特徴があるとすれば，x の名前は，表7.10のように，前向き推論で判断できる． □

表 7.10 例 7.6 の推論過程

推論サイクル	競合集合	選ばれたルール	ワーキングメモリの内容
初期			f1：肉食ではない f2：蹄がある f3：指の数が偶数である
1	R1	R1	f4：肉食でない動物
2	R1, R3	R3	f5：有蹄動物
3	R1, R3, R4	R4	f6：シカ
4	R1, R3, R4, R7	R7	f7：シカを出力する（推論終了）

　以上の例からもわかるように，生のデータから決定木を構築すれば，その決定木をエキスパートシステムへ変換することができる。各中間ノードの物理的意味（例えば，肉食動物，有蹄動物など）については，例題 7.6 の中で，暗黙に人間の知識を利用した。実際，図 7.8 の例においても，中間ノードの意味が簡単に解釈できる。例えば，ノード 1 に対応する概念は，「がく片の広さが 2.45 ミリよりも小さい花」であると解釈できる。当然，ファジィ数の言語的値で表現するとよりわかりやすくなる。例えば，同じ図 7.8 のノード 1 を，「がく片の広さが狭い花」と解釈することができる。しかし，大規模で複雑な問題を解決する際に，このような解釈方法は実用的ではないかもしれない。このような場合，中間ノードを解釈するために，ノードに割り当てたデータの共通特徴，ノードと親ノードとの関係，ノードと子ノードとの関係，などを調べなければならない。いずれにせよ，大規模の AI システムの解釈は重要な課題であり，これからも研究する必要がある。

7.3　おわりに

　本章では，機械学習の分野で良く使われているニューラルネットワークに基づく学習，決定木に基づく学習を紹介した。これらの方法は，より高級な学習方法を習得するための基礎である。より高級な学習方法の例として，最近注目されている**深層学習**がある。深層学習は，基本的に多層パーセプトロン（MLP）の中間層を増やして得られたものである。しかし，MLP をそのまま利用すると深層学

習ができない。深層学習を可能にするためには，いくつかの工夫が必要である。例えば，シグモイド関数の一階導関数が0になりやすいので，誤差逆伝播法（BP）を利用して深層学習を行うと効果的に学習できない問題がある。これは，いわゆる勾配消失問題（gradient vanishing problem）である。この問題を解決するために，例えば，活性化関数として，ランプ関数のReLU（rectified linear unit）を使うことが薦められている。勾配消失問題を避けるために，BPアルゴリズムを使わない方法もいくつか提案されている。例えば，複数の制限付きボルツマンマシン（restricted Boltzmann machine）を階層的に重ね，各階層を教師なし学習で逐次的に設計する方法もある。これらの方法の詳細について興味のある読者は関連文献を参照されたい［23-26］。

第7章の参考文献

[1] T. M. Mitchell, *Machine Learning*, The McGraw-Hill Companies, Inc., 1997.
[2] K. P. Murphy, *Machine learning - a Probabilistic Perspective*, The MIT Press, 2012.
[3] D. Barber, *Bayesian Reasoning and Machine Learning*, Cambridge University Press, 2012 (This book is available on-line from http://www.cs.ucl.ac.uk/staff/d.barber/brml/).
[4] S. Haykin, *Neural Networks - A Comprehensive Foundation*, MacMillan, 1994.
[5] J. M. Zurada, *Introduction to Artificial Neural Systems*, PWS Publishing Company, 1992.
[6] A. B. Novikoff, "On Convergence Proofs on Perceptrons," Symposium on the Mathematical Theory of Automata, pp. 615-622, 1962.
[7] G. Cybenko, "Approximations by Superpositions of Sigmoidal Functions," *Mathematics of Control, Signals, and Systems*, Vol. 2, No. 4, pp. 303-314, 1989.
[8] Kurt Hornik, "Approximation Capabilities of Multilayer Feedforward Networks," *Neural Networks*, Vol. 4, No. 2, pp. 251-257, 1991.
[9] T. Ash, "Dynamic Node Creation in Backpropagation Networks," *Connection Science*, Vol. 1, No. 4, pp. 365-375, 1989.
[10] M. Mozer, and P. Smolensky, "Using Relevance to Reduce Network Size Automatically," *Connection Science*, Vol. 1, No. 1, pp. 3-16, 1989.
[11] S. Fahlman, C. Lebiere, and D. Touretzky, "The Cascade-Correlation Learning Architecture," *Advances in Neural Information Processing Systems*, Vol. 2, pp. 524-532, 1990.
[12] Y. LeCun, J. Denker, and S. Solla, "Optimal Brain Damage," *Advances in neural information processing systems*, Vol. 2, pp. 598-605, 1990.
[13] D. E. Rumelhart, G. E. Hinton, and R. J. Williams, "Learning Representations by Back-Propagating Errors," *Nature*, Vol. 323, pp. 533-536, 1986.
[14] M. Minsky and S. Papert, *Perceptrons: An Introduction to Computational Geometry*, The MIT Press, Cambridge MA, 1972.
[15] A. B. Tickle, R. Andrews, M. Golea, and J. Diederich, "The Truth Will Come to Light:

Directions and Challenges in Extracting the Knowledge Embedded Within Trained Artificial Neural Networks," *IEEE Trans. on Neural Networks*, Vol. 9, No. 6, pp. 1057-1068, 1998.

[16] L. Breiman, J. H. Friedman, R. A. Olshen, and C. J. Stong, *Classification and Regression Trees*, Wadsworth Pub. Co. 1984.

[17] J. Quinlan, *C4. 5: Programs for Machine Learning*, Morgan Kaufmann Publishers Inc. San Francisco, 1993.

[18] Q. F. Zhao, "Inducing NNC-Trees with the R^4-Rule," *IEEE Trans. on Systems, Man, and Cybernetics - Part B: Cybernetics*, Vol. 36, No. 3, pp. 520-533, 2006.

[19] H. Hayashi and Q. F. Zhao, "A Fast Algorithm for Inducing Neural Network trees," *Journal of Information Processing*, Vol. 49, No. 8, pp. 2878-2889, 2008.

[20] S. K. Murthy, S. Kasif and S. Salzberg, "A System for Induction of Oblique Decision Trees," *Journal of Artificial Intelligence Research*, Vol. 2, No. 1, pp. 1-32, 1994.

[21] L. Breiman, "Random Forests," *Machine Learning*, Vol. 45, No. 1, pp. 5-32, 2001.

[22] Q. F. Zhao, "Reasoning with Awareness and for Awareness," *IEEE SMC Magazine*, Vol. 3, No. 2, pp. 35-38, 2017.

[23] Y. Bengio, "Learning Deep Architectures for AI," *Foundations and Trends in Machine Learning*, Vol. 2, No. 1, pp. 1-127, 2009.

[24] Y. Bengio, A. Courville, and P. Vincent, "Representation Learning: A Review and New Perspectives," *IEEE Transactions on Pattern Analysis and Machine Intelligence*, Vol. 35, No. 8, pp. 1798-1828, 2013.

[25] J. Schmidhuber, "Deep Learning in Neural Networks: An Overview," *Neural Networks*, Vol. 61, pp. 85-117, 2015.

[26] Y. Bengio, Y. LeCun, and G. Hinton, "Deep Learning," *Nature*, Vol. 521, pp. 436-444, 2015.

8 知的探索

　第2章では探索問題の定式化とグラフに基づく探索アルゴリズムを紹介した。基本的に，グラフに基づく探索アルゴリズムを利用すれば，さまざまな AI 関連問題が解決できる。例えば，最短経路問題，推論，定理証明などは，すべてグラフに基づく探索問題である。しかし，問題を効率的に解決するためには，さまざまなヒューリスティックあるいは探索戦略を利用する必要がある。これらのヒューリスティックは，通常，人間の知性によって得られるので，それに基づく探索は，**知的探索**と呼ばれる。知的探索を利用することによって，例えば，推論や定理証明などをより効率的に解決することができる。ここでポイントとなるのが，問題に合わせて適切なヒューリスティックを提案することである。しかし，問題の種類が増えると，それぞれの問題に対して対症療法的に効率化しようとすること自体が非効率的になる恐れがある。

　本章では，さまざまな問題を効率的に解決でき，ある程度汎用性のあるアルゴリズムをいくつか紹介する。これらのアルゴリズムは，通常，**局所探索**（local search）を効率化するヒューリスティックと，**大局探索**（global search）を効率化するヒューリスティックを同時に利用するため，**メタヒューリスティック**（metaheuristics）アルゴリズムとして知られている。これらの探索アルゴリズムのほとんどは，人間，生物，ないし大自然の数多くの「知恵」をもとに提案されたものである。一般に，知的探索アルゴリズムは，第2章で示したものよりも，効率が良く，限られたリソースで複雑な問題を解決するのに有効である。特に，解決しようとする問題に関する領域知識（domain knowledge）が少ない場合，最初の選択肢として知的アルゴリズムが薦められる。

8.1　単点探索アルゴリズム

　表 8.1 は，第2章の最良優先探索アルゴリズムを書き直したものである。ここで，ヒューリスティック関数の代わりに目的関数，子ノードの集合の代わりに近傍 $N(\mathbf{x})$ を使っている。基本的に，探索空間が有限で離散的であれば，このアル

表 8.1 最良優先探索アルゴリズム（第 2 章第 4 節のアルゴリズム III の改訂版）

Step 1：	初期化：
	・初期状態 x_0 とそれに対応する目的関数値 $f(x_0)$ を Open List に加える。
Step 2：	終了条件：
	・Open List の先頭から一つの状態を取り出し，それを x とする。
	・Open List が空であれば探索が失敗で終了する。
	・$f(x)$ が終了条件を満たせば，x を返し，探索が成功で終了する。
Step 3：	新しい状態の生成：
	・x の近傍 $N(x)$ を求め，x を Closed List に加える。
	・$N(x)$ に属し，Closed List に属さない x' に対して，その目的関数値 a を計算する。
	・x' が Open List になければ，$\{x', f(x')=a)\}$ を Open List に入れる。
	・x' がすでに Open List にある場合，$a<f(x')$ であれば，$f(x')$ を a で置き換える。
	・Open List にあるノードを目的関数値の上昇順でソートする。
Step 4：	Step 2 へ戻る。

表 8.2 近傍に基づく単点探索アルゴリズム

Step 1：	初期化：初期状態 x_0 を求め，それを現在状態 x とする。
Step 2：	終了条件：$f(x)$ が終了条件を満たせば，x を返し，終了する。
Step 3：	新しい状態の生成：x の近傍 $N(x)$ から x' を求める。
Step 4：	状態遷移：$f(x')<f(x)$ なら $x=x'$。
Step 5：	Step 2 へ戻る。

ゴリズムが使える。しかし，探索空間が連続あるいは可能解の数が非常に多い場合，Closed List と Open List を使って探索の歴史を「追跡」することが難しくなる。

　表 8.2 は，表 8.1 を少し修正したアルゴリズムを示す。このアルゴリズムは，現在の探索状態の近傍情報だけに基づいて探索する。ここでは，探索の歴史を追跡しないので，少ないメモリで探索が行える。以下，表 8.2 を詳しく説明する。

　まず，Step 1 の初期状態 x_0 は，通常，ランダムに決める。制約つき最適化問題の場合には，実行可能解の集合 D から選ぶ必要がある。Step 2 の終了条件としては，例えば，$f(x)$ の値が十分小さくなっていること，反復回数が規定の数に達したこと，などがある。ここでは，目的関数 $f(x)$ の最小化問題だけを考える。

　Step 3 の x' の求め方は，探索アルゴリズムによって違う。例として，$N(x)$ の中で，ランダムに k（例えば $k=100$）個の点を調べ，その中で f の値が最も小さ

いものを返す方法がある。近傍 $N(\mathbf{x}) \subset D$ は，当然 $\mathbf{x}$ に「近い」状態の集合であるが，「近さ」の定義は，ユークリッド距離でなくても良い。例えば，状態変数が離散値を取る場合には，ハミング距離などを利用することもできる。

Step 4 において，新しい状態が古いものよりもよくなったときだけ，それを採用することになっている。この条件を緩める（relax）ことができる。すなわち，新しい状態が古いものより多少悪くなったときでも，ある確率でそれを採用することもできる。このように緩めると，局所的最適解を回避し，大局的最適解を得る確率を増やすことができる。詳しくは，8.1.2 と 8.1.3 で紹介する。

8.1.1 最急降下法

最急降下法（steepest descent algorithm）は，近傍に基づく単点探索アルゴリズムの一種であり，目的関数の一階偏微分が存在するときに利用される。この方法は，任意の初期状態からスタートし，目的関数の勾配情報を利用して，目的関数値をより小さくするように，繰り返して状態を更新する方法である。目的関数 $f(\mathbf{x})$ の勾配は，以下のように定義される：

$$\nabla f(\mathbf{x}) = \left[\frac{\partial f(\mathbf{x})}{\partial x_1} \frac{\partial f(\mathbf{x})}{\partial x_2} \cdots \frac{\partial f(\mathbf{x})}{\partial x_n} \right]^T \tag{8.1}$$

ただし，上付きの T は転置を表す。勾配を「方向ベクトル」として，点 $\mathbf{x}$ を勾配方向へ移動すると，他のどの方向よりも，関数値が大きく増加する。逆に，勾配の反対方向へ $\mathbf{x}$ を移動すると，他のどの方向よりも，関数値が大きく減少する。したがって，目的関数の最小化を目指す場合，以下の式で $\mathbf{x}$ を更新すれば，その地点で最も良い $f(\mathbf{x})$ が得られるものと期待される：

$$\mathbf{x}^{k+1} = \mathbf{x}^k - \alpha \nabla f(\mathbf{x}^k) \tag{8.2}$$

ここで α はステップサイズ（step size）と言い，$\mathbf{x}$ の移動量を制御するパラメータである。ステップサイズが十分小さければ，$f(\mathbf{x}^0), f(\mathbf{x}^1), f(\mathbf{x}^2), \cdots$ は必ず徐々に小さくなり，やがて最小値にたどり着く。以上の考え方を，探索アルゴリズムの形でまとめると，表 8.3 のようになる。

最急降下法は知的探索法ではないが，簡単で使いやすいため，多くの実問題を解くために利用できる。実際，良く知られているニューラルネットワークの学習アルゴリズムの誤差逆伝播法も，最急降下法である。しかし，収束速度（rate of convergence）などの点では，最急降下法は必ずしも良い方法ではない。より実

表8.3 最急降下アルゴリズム

Step 1: 初期化：初期状態 $\mathbf{x}_0$ を求め，それを現在状態 $\mathbf{x}$ とする。
Step 2: 終了条件：$\nabla f(\mathbf{x}) \approx [0\ 0\ \cdots\ 0]^T$ ならば，$\mathbf{x}$ を返し，終了する。
Step 3: 新しい状態の生成：$\mathbf{x}' = \mathbf{x} - \alpha \nabla f(\mathbf{x})$
Step 4: 状態遷移：
- $\mathbf{x}'$ が D に属さなければ，$\mathbf{x}$ を返し，終了する。
- そうではなければ，$\mathbf{x} = \mathbf{x}'$

Step 5: Step 2 へ戻る。

用的方法として，共役勾配法（conjugate gradient method），ニュートン法（Newton method），準ニュートン法（quasi-Newton method）などが提案されている。また，局所的最適解に陥りやすいことも最急降下法の欠点として知られている。通常，最急降下法は知的探索アルゴリズムに分類されない。その主な理由は，探索過程において，局所的最適解を回避するヒューリスティックが使われていないことである。しかし，最急降下法は基礎であり，より知的な探索アルゴリズムの中に埋め込む形で利用できる。

例題 8.1 以下の最適解問題がある：

$$\min f(\mathbf{x}) = x_1^2 + x_2^2$$

$$\text{s. t.} \begin{cases} g_1(\mathbf{x}) = x_1 + x_2 - 3 \leq 0 \\ g_2(\mathbf{x}) = -x_1 - x_2 + 1 \leq 0 \\ g_3(\mathbf{x}) = -x_1 \leq 0 \\ g_4(\mathbf{x}) = -x_2 \leq 0 \end{cases} \quad or \quad \begin{cases} x_2 \leq -x_1 + 3 \\ x_2 \geq -x_1 + 1 \\ x_1 \geq 0 \\ x_2 \geq 0 \end{cases}$$

この問題を最急降下法で解け。

［解答］ 図8.1で示すように，まず実行可能領域 D の中で，初期解 $\mathbf{x}_0$ を生成する。$\mathbf{x} = \mathbf{x}_0$ として，$\mathbf{x}$ を目標関数の勾配の反対方向に少しずつ移動する。探索は $g_2(\mathbf{x})$ で作られた D の境界線でストップする。その時点で得られた $\mathbf{x}$ は最終解である。ここで気をつけてほしい点は，最急降下法で得られた解が必ずしも最適解ではないことである。実際，最急降下法の結果は，解の初期値に依存する。最適解を得るためには，

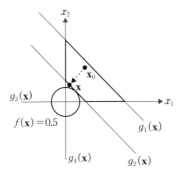

図8.1 例題8.1の図解

さまざまな初期解で試行する必要がある。 □

演習問題 8.1 例題8.1と同じ目的関数と制約条件の最大化問題を考える。このとき，実行可能領域 D から生成した初期解が大局的最適解ではなければ，最急降下法で大局的最適解を得ることが不可能である。この結論の理由を，図8.1を用いて説明せよ。

8.1.2 タブー探索

タブー探索（TS: tabu search）は，1986年にフレッド・W・グローバ（Fred W. Glover）によって考案され，1989年に定式化された [1]。ここで，tabu は，「禁止」する意味である。TSの基本は，訪問した状態を**タブーリスト**（tabu list），すなわち「禁止リスト」に記憶し，探索が同じ領域を訪問しないようにすることである。同じ領域を繰り返して訪問することは，**サイクリング**（cycling）と言い，探索の効率を悪くし，大局的最適解が得られなくなるリスクを増やす要因となる。

タブーリストは第2章のClosed Listとほぼ同じ意味で利用されている。ただし，TSの対象は，連続状態空間も含まれている。そのため，TSは，訪問済みの状態をそのままタブーリストに入れないで，状態の特性あるいはその状態に遷移させるルールをタブーリストに記憶する。ある状態は，タブーリストに記憶されている特性を持っていれば，その状態へ遷移しないようにする。あるいは，あるルールは，タブーリストに記憶されていれば，それに対応する操作で状態遷移をしない。TSの基本アルゴリズムは表8.4に示す。

表8.4 タブー探索 (TS) アルゴリズム

Step 1: 初期化:
- 初期状態 x_0 を求め, それを現在状態 x に代入する。
- 探索途中で得られた最も良い解を保存する x_{best} に x を代入する。

Step 2: 終了条件:
- $f(x_{best})$ が終了条件を満たせば, x_{best} を返し, 終了する。

Step 3: 新しい状態の生成:
- Tabu List に x を追加する。
- x の近傍 $N(x)$ から, Tabu List に記憶されていない状態を k 個選び, Candidate List に入れる。
- Candidate List から最も良い状態を x' に代入する。

Step 4: 状態遷移:
- 新しい解 x' を x に代入する (無条件状態遷移)。
- $f(x) < f(x_{best})$ ならば x を x_{best} に代入する。

Step 5: Step 2 へ戻る。

以下, TSアルゴリズムを詳しく説明する。まず, Step 2の終了条件は, 通常, x_{best} が十分良くなった, すなわち, 対応する目的関数値がある期待値以下となったことである (いままでの議論と同様, 探索の目的は, $f(x)$ の最小値を求めることである)。Step 3の Candidate List は x の近傍 $N(x)$ にあり, Tabu List に記憶されていない実行可能解の集合である。Candidate List は $N(x)$ の一部であり, そのサイズは適切な整数である。また, x がすでに Tabu List に入っているので, Candidate List には含まれない。

新しい状態 x' は, Candidate List の中で最も良い解である。Candidate List は, グラフに基づく探索アルゴリズムの中に使われる「子ノードの集合」と同じ役割をする。Candidate List から最も良い状態を求め, それを次の状態とすることは, 最良優先探索と同様, 複数の可能解の中から1つだけに絞り込むヒューリスティックである。求めた x' は, 良くなっても悪くなっても, 次の状態として採用される。これによって探索が悪い方向に向かう可能性が出てくるが, 逆に, 局所最適解に陥った場合, 探索がそこから脱出する可能性もある。これは TS の1つの特徴と言える。もう1つの特徴は, 探索の途中で求めたベスト解は x_{best} に保存することである。これによって, 探索は途中で脱線したとしても, 良い最終解が得られることが期待できる。

最近, 表8.4の TS アルゴリズムに, さまざまな改良が加えられている。例え

ば，以下の改善点が改良版の TS に良く利用されている．

- Tabu List に，訪問済みの状態をそのままではなく，その状態が持っている「特性」（attribute）を入れることができる．例えば，状態変数のレンジ，あるいはその言語的値（良い，非常に良いなど）を Tabu List に入れることで，大量の状態ベクトルを保存しなくても済む．もちろん，状態ではなく，状態遷移の「ルール」を Tabu List に入れることもできる．すなわち，すでに採用されたルールを Tabu List に入れ，新しいルールを利用すれば，新しい状態を得ることができる．
- Tabu List のサイズを超えて状態ベクトルを保存することができないので，Tabu List をキュー（queue）で実装し，古くなった記憶を淘汰する必要がある．この場合，ある期間を過ぎたら，再び訪問可能となる状態が出てくる．状態が Tabu List に滞在する時間は，**禁止期間**（tabu tenure）と言う．禁止期間を設けることで，これまでの探索で漏れた良い状態を見つけることができる．一方，禁止期間内でも，$f(\mathbf{x}')<f(\mathbf{x}_{best})$ であれば，$\mathbf{x}'$ を採用し，そこへ遷移することを許したほうが良いかもしれない．TS において，**解禁基準**（aspiration criterion）があり，それを満たす場合，たとえ禁止期間内でも状態遷移ができる．$f(\mathbf{x}')<f(\mathbf{x}_{best})$ は解禁基準の一例である．
- より進んだ TS において，Tabu List は**短期メモリ**として利用される．この短期メモリは，第 2 章の Closed List とほぼ同じように機能する．第 2 章の Open List と同じ機能をするものは，**中期メモリ**（intermediate-term memory）と**長期メモリ**（long-term memory）がある．TS において，基本的に，中期メモリは「良さそうな」状態あるいはその特性を保存し，長期メモリは「未知の領域」に行けそうな状態あるいはその特性を保存する．中期メモリの内容を参考に，特定の領域をズームインして詳しく探索することができる．これは，特化あるいは**強化**（intensification）と言う．これに対して，長期メモリは，探索領域を開拓し，より新しい，より良い解を見つけるために利用される．これを**多様化**（diversification）と言う．これらのメモリを使用するために，例えば，Candidate List から複数の状態を選び，それらを「これ以上見なくて良いもの」，「詳しく調べる必要があるもの」，「後で調べると良いもの」に分けて，それぞれの状態を短期，中期，長期メモリに入れておけば良い．このようにして，大局的最適解がより高い確率で得られるようになる．

例題 8.2 巡回セールスマン問題（TSP: traveling salesman problem）をタブー探索（TS）で解決する方法について検討せよ。

[解答] TS の考え方を説明するために，ここで基本アルゴリズムだけを説明する。まず，TSP は，c 個のノードを持つ連結グラフの各ノードを一通り訪問するシンプルパスを見つける問題と定式化できる。また，状態ベクトルあるいは可能解は，以下のように表現できる：

$$\mathbf{x} = [n(i_1), n(i_2), \cdots, n(i_c)] \tag{8.3}$$

ただし，$i_j (j=1, 2, \cdots, c)$ は集合 $N=\{1, 2, \cdots, c\}$ にある重複しない整数で，$n(i)$ は i 番目のノードである。探索の初期状態は，ランダムに作られる。すなわち，始点からスタートして，まだ訪問されていないノードをランダムに1つ選んで，パスに順に追加すれば，初期状態 $\mathbf{x}_0$ が作れる。

現在状態は $\mathbf{x}$ であるとし，Candidate List はノードの入れ替え（swap）によって得られる。例えば，

$$\mathbf{x} = [n(1), n(3), n(6), n(2), n(4), n(5)]$$

の場合，$n(3)$ と $n(4)$ とを入れ替えると，

$$\mathbf{x}' = [n(1), n(4), n(6), n(2), n(3), n(5)]$$

が得られる。このように，1回の入れ替えによって得られる新しい状態の集合は $N_1(\mathbf{x})$ と呼ぶ。同じように，異なるノード対（node pair）の入れ替えを m 回行い，得られる状態の集合を $N_m(\mathbf{x})$ と言う。例えば，$N_1(\mathbf{x})$ から，複数個の可能解を Candidate List に入れることができる。その中から，Tabu List に記憶されている可能解を外し，残したもので $\mathbf{x}'$ を求めることができる。$\mathbf{x}'$ は，Candidate List の中で目的関数値が最小となる可能解である。

TS において，$\mathbf{x}'$ が $\mathbf{x}$ に比べて，良くなっても悪くなっても次の状態となる。また，$\mathbf{x}'$ が $\mathbf{x}_{best}$ よりもよければそれを新しい $\mathbf{x}_{best}$ とする。このように繰り返せば，そのうち，良い解が得られる。良い解を得られた判断は，探索の終了条件となるが，TSP に対しては，例えば，数

十回繰り返しても，$\mathbf{x}_{best}$ の目的関数値が変わらなければ，$\mathbf{x}_{best}$ は（準）最適解として採用できる。 □

演習問題 8.2 組み合わせ問題の良い例として，ナップザック問題がある。この問題の意味をインターネットで調べ，問題をタブー探索で解決する方法について検討せよ。（ヒント：例題8.2のように，状態ベクトルの表現方法，初期状態の生成方法，Candidate List の生成方法などについて説明できれば良い）。

例題 8.3 図8.2の (a) は，巡回セールスマン問題（TSP）の具体例を一つ示している。この問題には，5つの都市があり，都市間の距離は，グラフの連結の隣の数字で示される。この問題を，タブー探索で解け。

[解答] まず，初期解をランダムに一つ選ぶ。初期解は，

$$\mathbf{x}_0 = [n(1), n(2), n(5), n(4), n(3)]$$

であり，図8.2の (b) で示す。解の中で，最後のノード $n(3)$ の次は $n(1)$ であるので，$n(1)$ を解の中に再度記入しない（最初の $n(1)$ も明示的に状態ベクトルに入れる必要がない）。$\mathbf{x}_0$ の評価値は $3+5+1.5+3+4.5=17$ である。この時点では $\mathbf{x}_{best}=\mathbf{x}$ で，Tabu List $=\{\mathbf{x}_0\}$ である。

次に，2つの可能解を含む Candidate List を作る（すなわち，タブー探索アルゴリズムの Step 3 の k を2とする）。$N_1(\mathbf{x})$（ノードの入れ替えを一回行って得られる可能解の集合）から，以下の解が得られたとする（図8.2の (c) と (d) となる）：

$$\mathbf{x}_1 = [n(1), n(5), n(2), n(4), n(3)]$$
$$\mathbf{x}_2 = [n(1), n(2), n(3), n(4), n(5)]$$

それぞれの評価値は，$2+5+3.5+3+4.5=18$ と $3+3.5+3+1.5+2=13$ である。$\mathbf{x}_2$ が良いほうなので，$\mathbf{x}'=\mathbf{x}_2$ とする。この $\mathbf{x}'$ は次の状態 $\mathbf{x}$ となる。また，$\mathbf{x}'$ は $\mathbf{x}_{best}$ よりも良いので，$\mathbf{x}_{best}=\mathbf{x}'$ とする。この時点で $\mathbf{x}_{best}=\mathbf{x}_2$ で，Tabu List $=\{\mathbf{x}_0, \mathbf{x}_2\}$ である。

次は，第2回の反復探索になる。まず，$\mathbf{x}=[n(1), n(2), n(3), n(4),$

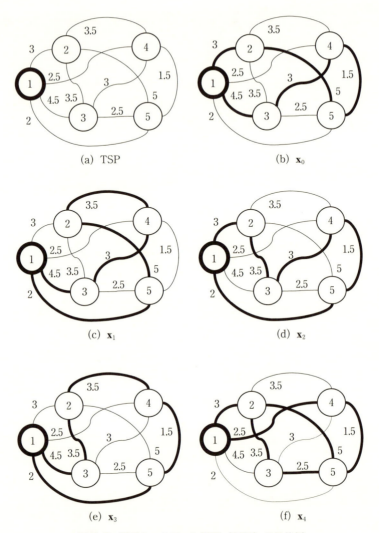

図 8.2 巡回セールスマン問題 (TSP) の具体例

$n(5)]$ の近傍 $N_1(\mathbf{x})$ から,以下の 2 つの解を求めたとする(図 8.2 の (e) と (f) に示す):

$$\mathbf{x}_3 = [n(1), n(3), n(2), n(4), n(5)]$$
$$\mathbf{x}_4 = [n(1), n(2), n(3), n(5), n(4)]$$

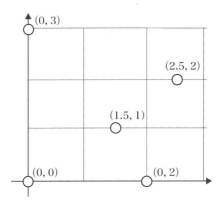

図 8.3 巡回セールスマン問題（TSP）のマップ（5つの都市）

評価値はそれぞれ，$4.5+3.5+3.5+1.5+2=15$ と $3+3.5+2.5+1.5+2.5=13$ である。したがって，$\mathbf{x}'=\mathbf{x}_4$ となり，これは次の状態 $\mathbf{x}$ となる。また，評価値が現在のベストと同じなので，$\mathbf{x}_{best}$ を更新する必要はない。このように繰り返せば，最適解を求めることができる。 □

演習問題 8.3 図 8.3 は，5 つの都市の座標を与えている。各都市間のユークリッド距離を計算せよ。また，計算した距離をもとに，巡回セールスマン問題（TSP）を解け。ただし，1 番目の都市はホームであるとする。

8.1.3 疑似焼きなまし法

疑似焼きなまし（SA：simulated annealing）法は，タブー探索（TS）と同様，さまざまな難しい問題（例えば，組み合わせ問題）を解決するために提案された単点探索アルゴリズムである [2, 3]。TS と違って，SA はメモリをたくさん使わない。すなわち，SA は，メモリレス探索法である。SA のアルゴリズムは，表 8.5 に示す。以下，各ステップを詳しく説明する。

表 8.5 からわかるように，全体的には，SA 探索は TS と同じ流れである。Step 1 の初期状態は，TS と同様，通常，ランダムに与える。τ は，SA の重要パラメータであり，「温度」と呼ばれている。なぜ「温度」と呼ばれるかについては，後で説明する。Step 2 の終了判定も，TS と同じようにすることができる。Step 3 において，通常，$\mathbf{x}$ の近傍 $N(\mathbf{x})$ からランダムに状態を1つ選び，それを新しい状態 $\mathbf{x}'$ とする。ここで，他の方法も利用できる。例えば，目的関数の勾配

表 8.5　疑似焼きなまし（SA）アルゴリズム

Step 1：	初期化：
	・ランダムに $\mathbf{x}_0$ を生成し，$\mathbf{x}$ に代入する．
	・初期温度 τ_0 を τ に代入する．
Step 2：	終了条件：
	・$f(\mathbf{x})$ が終了条件を満たせば，$\mathbf{x}$ を返し，終了する．
Step 3：	新しい状態の生成：
	・$N(\mathbf{x})$ からランダムに $\mathbf{x}'$ を生成する．
Step 4：	状態遷移：
	・$f(\mathbf{x}') < f(\mathbf{x})$ ならば $\mathbf{x}$ に $\mathbf{x}'$ を代入する；
	・そうではなければ，確率 $p(\mathbf{x}'\|\tau)$ で $\mathbf{x}$ に $\mathbf{x}'$ を代入する；
Step 5：	温度の更新：
	・平衡状態になったら，τ を更新する．
Step 6：	Step 2 へ戻る．

情報が得られる場合，勾配の反対方向で $\mathbf{x}$ を移動し，$\mathbf{x}'$ を求める方法や，$N(\mathbf{x})$ から k 個の点を選んで，その中で目的関数値が最小となる $\mathbf{x}'$ を求める方法などがある．

Step 4 は，$\mathbf{x}'$ を採用する戦略である．基本的に，$\mathbf{x}'$ が現在状態 $\mathbf{x}$ より良ければ，それは無条件に採用される．$\mathbf{x}'$ が悪くなった場合には，次の確率に従って採用する：

$$p(\mathbf{x}'|\tau) = \exp\left(\frac{f(\mathbf{x}) - f(\mathbf{x}')}{\tau}\right) \tag{8.4}$$

$\mathbf{x}'$ が $\mathbf{x}$ より悪いので，$f(\mathbf{x}) - f(\mathbf{x}') < 0$ が成り立つ．τ が一定で，$\mathbf{x}'$ が悪いほど $p(\mathbf{x}'|\tau)$ が小さい．また，同じ $\mathbf{x}'$ に対して，τ が高いほど $\mathbf{x}'$ が採用される確率が高くなる．通常，一定期間において τ を一定にして，探索を繰り返す．指定した繰り返す回数（例えば，数百回）でより良い解が求められなくなったら，探索プロセスが「平衡状態」になっていると判断できる．このとき，τ を更新して探索し続ける．

SA 探索は，十分高い温度 τ_0 からスタートし，時間をかけて τ を下げていけば，大局的最適解が得られることが知られている．ここで，τ_0 をどのようにすれば「十分高い」と言えるかが，1つのポイントである．τ_0 があまりにも高すぎると，計算量が大きくなるので，適切に τ_0 を選ぶ必要がある．1つの目処として，$\mathbf{x}'$ が悪くなったときに，それを採用する確率が 0.4〜0.5 となるように，τ_0 を設定する

ことができる．また，平衡状態になったときに，τ の減らし方として，以下の方法がある：

$$\tau^{new} = \tau^{old} - \delta \tag{8.5}$$

ただし，δ は十分小さい正の実数である．SA 探索の中で，τ が減少していくので，Step 2 では，τ が十分小さくなったら探索を終了させることもできる．

　新しい状態が悪くなったら，それを確率的に採用することが SA 探索の特徴である．これによって探索は局所的最適解から脱出できるようなる．温度 τ が高いとき，状態はある程度の自由度で探索空間の中で変化し，大局的最適解の場所を大雑把に特定できる．τ が徐々に下がると，探索範囲が絞られ，最適解の場所をより正確に特定できるようになる．TS と比べると，SA がたくさんのメモリで探索過程を記憶しなくても，良い解が得られる．しかし，良い解を得るために，τ を「十分時間をかけて」，ゆっくり下げなければならない．したがって，空間（メモリ）コストのかわりに，SA の時間コストが高くなる可能性がある．

　実際，焼きなまし（annealing）の原理は，金属工学において昔から知られている．金属材料が望ましい堅さや柔軟さを持つようにするために，まず熱を加えて，材料の中の原子が初期の位置から離れるようにする．それから温度を徐々に下げると，原子が新たに配置され，新しい結晶パターンが形成される．温度調節のプロセスを上手く制御すれば，所望の性質を持つ材料が得られる．実際，SA に使われるパラメータ τ が「温度」と呼ばれる理由はここにある．もちろん，金属工学では，SA のように，「自由に」温度を操ることができない．しかし，材料の性質を制約条件として，SA を利用して，「物理的に実行可能な焼きなましプロセス」を探索することができる．したがって，SA は金属工学の「マネ」だけではなく，新材料工学をサポートする技術としても利用できる．

演習問題 8.4 ナップザック問題を考える．ナップザックの容積は $C=50$，品物の数は 5，対応する価値とサイズは，下の表で与えられたとする．

	1	2	3	4	5
価値 p	20	10	50	25	15
サイズ c	10	20	10	30	40

この問題を，SA で解決する過程を示せ．

8.2 多点探索アルゴリズム

前節で紹介した単点探索アルゴリズムの最大の欠点は，探索状態間の「横の繋がり」が無視されている点である．これらのアルゴリズムは，探索状態を更新する際に，現時点の状態の近傍情報を利用するが，他の状態の情報を利用しない．タブー探索は，たくさんの状態を短期，中期，長期メモリに記憶するが，探索の際に，やはりその時点の状態の近傍情報しか利用しない．

状態空間において，複数の点がすでに訪問されたとする．それらの点から例えば2点選んで，線分を作れば，その線分上の点は，既存の2点よりも，新しい探索情報を提供することができる．また，その選ばれた2点が，異なる局所的最適解であれば，線分上の点はどの局所的最適解の近傍からも脱出することができる．

実際，以上の観察は**多点探索**の基本とも言える．すなわち，探索の際に，複数の探索状態に含まれる情報をもとに，新しい探索状態を生成し，評価し，選択し，さらに新しい状態を生成していけば，単点探索よりも，局所的最適解を回避しながら，効率的に大局的最適解にたどり着くことができると思われる．

8.2.1 遺伝的アルゴリズム

遺伝的アルゴリズム（GA: genetic algorithm）は多点探索の最も典型的な例である．GA は最初にミシガン大学の John Holland によって考案された [4]．表 8.6 は GA の標準形（standard GA）を示す．GA は，いくつかの特徴があり，以下，表 8.6 をもとに，それらの特徴を説明する．

まず，他の多点探索と同様，GA においては，複数の状態を保存するメモリがある．そのメモリのことを**集団**（population）と言う．もともと，GA に基づく探索は，生物集団の進化過程を模倣して考案されたものであるので，探索状態が**個体**（individual），状態の集合が集団，状態の目的関数が**適（応）度**（fitness）関数と呼ばれる．適度が高ければ高いほど良いので，GA に基づく探索は最大化問題である（注：本章において，GA 以外のアルゴリズムはすべて最小化問題を扱う）．また，Step 2 から Step 4 までを一通り実行することは，**世代更新**と言われる．

Step 1 は個体集団 P の初期化である．初期化は，単点探索と同様，すべての個体がランダムに決められる．Step 2 の終了条件も，単点探索とほぼ同じである．

表 8.6 遺伝的アルゴリズム

Step 1: 初期化：
・初期の Population P をランダム生成する。
Step 2: 終了条件：
・P にあるすべての個体を評価する。
・$f(\mathbf{x}_{best})$ が終了条件を満たせば，$\mathbf{x}_{best}$ を返し，終了する。
Step 3: 新しい Population の生成：
・状態**選択**（selection）：P にある個体を，それらの評価値をもとに選択，**淘汰** (select against) をし，新しい Population P' を生成する。
・**交叉**（crossover）：P' にある個体をペアで利用し，一定の確率で新しい個体を生成し，元の個体を置き換える。
・**突然変異**（mutation）：P' にある個体を単体で利用し，一定の確率で新しい個体を生成し，元の個体を置き換える。
Step 4: 状態選択：
・P' を P に代入する。
Step 5: Step 2 へ戻る。

すなわち，P にある最も良い個体 $\mathbf{x}_{best}$ の目的関数値が十分良ければ，$\mathbf{x}_{best}$ を結果とし，探索を終了する。

GA の大事な特徴の 1 つが進化と評価の切り分けである。GA において，個体は**表現型**（phenotype）と**遺伝子型**（genotype）がある。例えば，個体 $\mathbf{x}$ が n 次元の実数ベクトルである場合，その表現型は $(x_1, x_2, \cdots, x_n)^T$ であり，遺伝子型は通常，表現型の各要素を 2 進数で表現し，それらを結合（concatenate）することによって得られる。遺伝子型と表現型はそれぞれ個体の進化と個体の評価に使用される。進化と評価を切り分けることによって動的に変化する環境において進化が安定的に行われる。これは**ボールドウィン効果**（Baldwin effect）として知られている [5]。表現型から遺伝子型への変換はコーディング（coding），遺伝子型から表現型への変換はデコーディング（decoding）と言う。実際，Step 2 の個体評価の前に，すべての個体をデコーディングする必要がある。

Step 3 に使用される新しい個体の生成方法は単点探索とは違う。要は，複数の新しい個体を，複数の既存の個体をもとに生成することである。まず選択が行われる。選択の目的は，良い探索状態を保留することである。集団 P は，タブー探索の中期メモリと同じ機能を有する。すなわち，P に保留される状態は，これから強調（intensify）すべきものである。選択戦略として，良く知られているのが，ルーレット選択（roulette selection）戦略である。ルーレット選択戦略では，個体

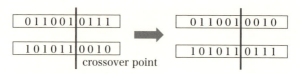

図8.4 一点交叉（one point crossover）の例

$\mathbf{x}$ が以下の確率で選択され，P' にコピーされる：

$$p(\mathbf{x}) = \frac{f(\mathbf{x})}{\sum_{\mathbf{u} \in P} f(\mathbf{u})} \tag{8.6}$$

上記の確率は，適度に比例するので，適度が大きい個体が何回も選ばれ，コピーされる可能性がある。これによって，似かよっている個体がたちまち集団に広がり，探索の範囲が急速に縮められてしまうリスクがある。これは，**早熟**（premature）問題と言われ，大局的最適解が求められない1つの要因となる。早熟問題を回避するために，さまざまな戦略が提案され，その中で最も簡単かつ有効なものがトーナメント戦略である。トーナメント戦略では，P から m 個の個体がランダムに抽出され，その中で最も適度が高いものが P' にコピーされる。通常，$m=2$ あるいは $m=3$ である。

交叉（crossover）とは，2つ以上の個体をもとに，新しい個体を生成する遺伝的操作である。GAでよく使われている交叉方法は，図8.4の例に示すようなものである。この方法では，2つの子個体（右にあるもの）が2つの親個体（左にあるもの）によって生成される。**交叉点**（crossover point）はランダムに決められる。交叉点の数が複数ある場合は多点交叉という。交叉で得られた個体は，ある程度「両親」の遺伝子型を持っているので，それぞれの親の良い性質を継承すると共に，両親のどちらよりも良くなる可能性がある。もちろん，悪くなる可能性もあるので，交叉をむやみに行うのはいけない。これを制御するために，**交叉率**（crossover rate）r_c というパラメータを使う。

突然変異は，1つの個体から1つの新しい個体を生成する遺伝的操作である。これは，単点探索の中に使われる局所探索で実装することもできる。例えば，個体 $\mathbf{x}$ の近傍 $N(\mathbf{x})$ からランダムに一点抽出することで，$\mathbf{x}'$ を生成することができる。GAにおいては，個体の遺伝子型は2進数であるので，$N(\mathbf{x})$ は，ハミング距離をもとに定義する。この場合，突然変異は図8.5のように行われ，ビットごと（bit-by-bit）突然変異と言う。反転されるビットは，**突然変異率**（mutation

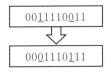

図8.5 bit-by-bit 突然変異の例

rate) r_m によって決められる.明らかに,最上位ビット(MSB: most significant bit)を反転すると,表現型の意味が大きく変わり,ユークリッド距離で計ると近傍の範囲を大きく超えてしまう.これは,GA においては問題とされない.実際,このような突然変異によって,探索範囲が大きく広げられ,局所的最適解に陥るリスクが小さくなる.したがって,GA は,タブー探索のように長期メモリを使わなくても,突然変異を使うだけで,探索の**多様化**(diversification)ができる.進化計算の言葉では,この多様化のことを**開拓**(exploration)という.一方,**強調**(intensification)のことを**再利用**(exploitation)という.

標準 GA において,選択,交叉,突然変異を施した後,新しく得られた P' を P に代入し,新しい世代の進化が始まる.実際,P' を直接に P に代入しないで,$P \cup P'$ の中から良いものを選択して P に代入することもできる.このようにすれば,仮に P' にある良い個体が遺伝的操作によって「破壊」されたとしても,その「オリジナルバージョン」が P に保留されているので,次世代にパスすることができる.この方法は**進化戦略**(ES: evolutionary strategy)に採用されている[6].

また,遺伝子型は通常2進数のビット列であるが,それが実数ベクトル,文字列(string),木構造(tree),グラフ構造であっても良い.例えば,実数ベクトルを使う場合,交叉はベクトルの線形結合で実装できる.すなわち,2つの個体 $\mathbf{x}_1$ と $\mathbf{x}_2$ の交叉は,以下のように実装できる:

$$\mathbf{x}' = \lambda \mathbf{x}_1 + (1-\lambda) \mathbf{x}_2, \quad \lambda \in (0, 1) \tag{8.7}$$

ここで λ はランダムに決めても良いし,親個体の適度に比例して決めても良い.また,突然変異は以下のように行われる:

$$\mathbf{x}' = \mathbf{x} + \nu \tag{8.8}$$

通常,ν は平均がゼロ,標準偏差が1となる正規分布に従って生成される乱数のベクトルである.$\mathbf{x}$ が非負(要素がゼロ以上)の場合,χ^2 分布を使うこともでき

る．基本的に，突然変異が局所探索なので，例えば，勾配情報が得られるとすれば，それを利用し，**x** の近傍情報をもとに **x′** を求めることもできる．

遺伝子型を木構造で実装する場合，遺伝的アルゴリズム（GA）は**遺伝的プログラミング**（GP）と呼ばれる [7]．プログラムが木構造で表現できるので，GP を利用すれば，プログラムを進化的に生成することが可能である．この場合，遺伝子型と表現型はともに木構造であり，コーディングとデコーディングは不必要となる．しかし，木構造に相応しい交叉と突然変異を使用する必要がある．また，遺伝子型をグラフ構造で実装する場合には，**進化的プログラミング**（EP: evolutionary programming）と呼ばれる [8]．EP を利用することによって，有限状態マシンや電子回路を進化的に設計することができる [9, 10]．このように，適切に遺伝子型を定義すれば，さまざまな問題を進化的に解決することができる [11]．

例題 8.4 式 (2.9) で定義された Schaffer の関数 F6 の最小化問題を遺伝的アルゴリズム（GA）で解け．

[解答] GA に基づく最適化ツールは，インターネットで探せば，多数見つけられる．ここでは，MATLAB にあるツールを使用する．既存のツールを利用するためには，いくつかの設定が必要である．まず，個体（状態ベクトル）の遺伝子型について，例えば，10 進数列を使うか，2 進数列を使うかを決めなければならない．2 進数のビット列を使う場合，表現型と遺伝子型の間の「変換方法」（コーディングとデコーディング）を提供する必要がある．F6 は連続関数なので，個体の遺伝子型と表現型のどちらも 10 進数で表現できる．すなわち，状態変数の x_1 と x_2 は実数のままで表現できる．このとき，(8.7) の交叉と (8.8) の突然変異が使える．

次に，集団のサイズ n_p と世代更新数 n_g を設定する必要がある．通常，n_p と n_g は「十分大きい」値で設定する．例えば，問題のサイズが大きい場合，n_p は数百～数千，n は数千～数万にするのが普通である．今考えている問題は，2 つの変数しかないので，n_p, n_g をどちらも数十にすれば十分である．他に，選択戦略，交叉率 r_c，突然変異率 r_m などの設定も必要であるが，通常，ツールに設定されたデフォルト値を利用すればよい．

表 8.7 F6 の最小化を GA で行うための MATLAB プログラム

1. F6=@(x)(0.5-((sin((x(1)^2+x(2)^2)^0.5))^2-0.5)/(1.0+0.001*(x(1)^2+x(2)^2))^2);
2. options=gaoptimset('Generations',20,'PopulationSize',20,'PlotFcns',@gaplotbestf);
3. lb=[-20, -20]; % lower bound of (x1,x2)
4. up=[20, 20];   % upper bound of (x1,x2)
5. x=ga(F6,2,[],[],[],[],lb,up,[],options)

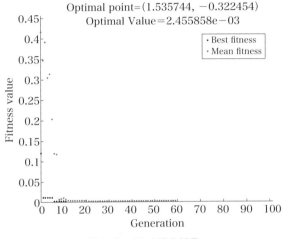

図 8.6 GA の進化結果

ここで，MATLAB にある関数 ga を利用し，その結果を示す。表 8.7 は MATLAB プログラムである。第 1 行は F6 の定義，第 2 行は GA のパラメータ設定，第 3 行は GA の実行である。図 8.6 は進化のプロセスをプロットした結果である。横軸は世代更新数，縦軸は適度（関数値）である。上にあるドットは各世代における集団の平均適度，下にあるドットは x_{best} の適度である。得られた解は $x_{best}=(1.0834\ 0.6306)^T$ で，その評価値は $f(x_{best})=0.00157$ である。図 8.6 からわかるように，F6 がたくさんの局所的最適解を持っているにもかかわらず，数回の世代更新だけでほぼ大局的最適解を見つけることができる。

演習問題 8.5 表 8.7 にある目的関数 F6 を，F=@(x)(x(1)^2 + x(2)^2) に入れ替え，GA で関数の最小値を求めよ。また，その結果と実の最適値とを比較し，

表 8.8 粒子群最適化 (PSO) アルゴリズム

Step 1： 初期化：
・初期の swarm S をランダム生成する。
・S にあるすべての粒子を評価し，$\mathbf{x}_{best}$ を求める。
Step 2： 終了条件：
・$f(\mathbf{x}_{best})$ が終了条件を満たせば，$\mathbf{x}_{best}$ を返し，終了する。
Step 3： 新しい Swarm の生成：すべての粒子に対して，
・その速度と位置を更新する。
・その適応を求める。
・必要があれば，$\mathbf{x}_{my\_best}$ と $\mathbf{x}_{best}$ を更新する。
Step 4： Step 2 に戻る；

GA の性能について議論せよ。

8.2.2 粒子群最適化

昆虫，鳥，魚などの各個体は非常に簡単な行動しかとらないが，群れ全体はときどき複雑で面白いパターンを形成する。**粒子群最適化** (PSO: particle swarm optimization) はこのような集団的行動 (collective behavior) を模倣して考案された多点探索アルゴリズムである [12, 13]。PSO において，個々の探索状態を粒子 (particle) といい，状態の集合を群れ (swarm) という。また，粒子は，通常，実数ベクトルで表現される。したがって，PSO が n 次元ベクトル空間における最適化に直接に応用できる。PSO に基づく探索アルゴリズムは表 8.8 に示す。

Step 1 と Step 2 は遺伝的アルゴリズム (GA) のそれとほぼ同じなので，その説明を省略する。Step 3 において，すべての粒子が順次更新される。更新は，以下のように，2 段階で行われる。

$$\mathbf{v}^{new} = a\mathbf{v}^{old} + bw_1 \times (\mathbf{x}_{my\_best} - \mathbf{x}^{old}) + cw_2 \times (\mathbf{x}_{best} - \mathbf{x}^{old}) \tag{8.9a}$$

$$\mathbf{x}^{new} = \mathbf{x}^{old} + \mathbf{v}^{new} \tag{8.9b}$$

ここで，$\mathbf{v}$ はいま考えている粒子の**速度ベクトル** (velocity vector)，$\mathbf{x}_{my\_best}$ はこの粒子がこれまでに見つかった最も良い位置 (問題の可能解)，$\mathbf{x}_{best}$ は，粒子群 S にある最も良い粒子の位置である。また，a は**慣性項** (inertia)，b と c はそれぞれ**個人因子** (personal factor) と**社会因子** (social factor) である。a, b, c は，それぞれ，これまでの速度をどれくらいキープするか，どれくらい自己ベストを重視

表 8.9 F6 の最小化を PSO で行うための MATLAB プログラム

1. F6=@(x)(0.5-((sin((x(1)^2+x(2)^2)^0.5))^2-0.5)/(1.0+0.001*(x(1)^2+x(2)^2))^2);
2. options = optimoptions(@particleswarm,'SwarmSize',20,'PlotFcns',@pswplotbestf);
3. lb = [-20,-20];
4. ub = [20,20];
5. x=particleswarm(F6,2,lb,ub,options)

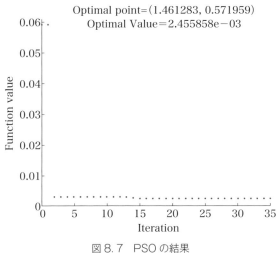

図 8.7 PSO の結果

するか,どれくらい群れ全体のベストを重視するかを決めるパラメータである。w_1 と w_2 は,$[0, 1]$ の乱数で,粒子群の多様性を保つために使われる。

(8.9a) の意味は,以下のように理解できる。ある粒子が,これまでに,ある程度成功していれば,次の状態を決める際に,当然,自己ベストを参考にする。また,群れ全体のベストは,他の粒子の憧れであり,真似されるのも当然である。実際,リーダー追随(leader-following)という現象は,自己組織などのアルゴリズムの中に利用され,知的システムを構成する一原動力になっている [14]。

例題 8.5　式 (2.9) で定義された Schaffer の関数 F6 の最小化問題を PSO で解け。

[解答]　ここで,MATLAB にある関数 particleswarm を使用して PSO の有

効性を示す。表8.9はプログラムである。各行の意味は自明なので，その説明を省く。得られた解は $\mathbf{x} = (0.7465 \ -1.0115)^T$ であり，評価値は 0.00167 である。図8.7 からわかるように，F6 がたくさんの局所的最適解を持っているにもかかわらず，数回の世代更新だけで，PSO は GA と同様ほぼ大局的最適解を見つけている。□

演習問題 8.6 表8.9 にある目的関数 F6 を，F=@(x)(x(1)^2+x(2)^2) に入れ替え，PSO で関数の最小値を求めよ。また，その結果と実の最適値とを比較し，PSO の性能について議論せよ。

8.2.3 アリコロニー最適化

アリコロニー最適化（ACO: ant colony optimization）は，アリの餌探しプロセスを模倣して考案された探索アルゴリズムである [15]。ACO は，巡回セールスマン問題（TSP）のような組み合わせ最適化問題を解決するのに有効である。表8.10 は ACO の基本アルゴリズムである。以下，TSP 問題を用いて，ACO を説明する。

まず，Step 1 は**フェロモン行列 Γ** の初期化である。フェロモン（pheromone）はもともとアリの体内から放出される，匂って，蒸発する分泌物である。ACO は，フェロモンを数値化することで行列 Γ を定義する。この Γ は，c ノード TSP 問題の場合，$c \times c$ の行列であり，その i 行，j 列目の要素 γ_{ij} は，すべてのアリがノード i からノード j へ移るときに分泌したフェロモン量である。最初に，Γ の

表8.10 アリコロニー最適化（ACO）アルゴリズム

Step 1：	初期化：
	・フェロモン行列を初期化する。
Step 2：	**フェロモンの強化**（reinforcement）：各アリに対して，
	・フェロモン行列に基づき，新しい解を生成する。
	・新しい解の各構成要素に対応するフェロモンを増やす。
Step 3：	**フェロモンの蒸発**（evaporation）：
	・フェロモン行列の各要素を一律に減らす。
Step 4：	終了条件：
	・すべての解を評価する。
	・$f(\mathbf{x}_{best})$ が終了条件を満たせば，$\mathbf{x}_{best}$ を返し，終了する。
Step 5：	Step 2 に戻る。

すべての要素に同じ値（例えば1.0）を代入する．

Step 2においては，すべてのアリがΓをもとに，1つの解$\mathbf{x}=[n(i_1), n(i_2), \cdots, n(i_c)]$を求める．ここで，$i_j (j=1,2,\cdots,c)$は$I=\{1,2,\cdots,c\}$にあるインデックスである．すべての解の第一ノードが同じ，$n(1)$である．$n(i)$から$n(j)$へ移動する確率は以下のように求められる：

$$p_{ij} = \frac{\gamma_{ij}^{\alpha} \times h_{ij}^{\beta}}{\sum_{k \in \Omega} \gamma_{ik}^{\alpha} \times h_{ik}^{\beta}}, \forall j \in \Omega \tag{8.10}$$

ただし，Ωはまだ訪問されていないノードの集合である．すなわち，どのアリも，p_{ij}の確率で$n(i)$から$n(j)$へ移動する．この確率は連結$e_{ij}=(n_i, n_j)$のフェロモン値γ_{ij}とヒューリスティック値h_{ij}に比例する．αとβはそれぞれフェロモン値とヒューリスティック値の影響度を決めるパラメータである．通常，αは1に固定され，βはアルゴリズムの性能をできるだけ高くするように調節される．ヒューリスティック値h_{ij}は，e_{ij}のコストに反比例する．TSPの場合，e_{ij}のコストは，$n(i)$から$n(j)$へ移動する距離，かかる料金，などで定義できる．

すべてのアリが独自の解を求めたら，次に，フェロモン行列Γを更新する．具体的に，連結$e_{ij}=(n_i, n_j)$がある解に含まれた場合，γ_{ij}は以下のように強化される：

$$\gamma_{ij}^{new} = \gamma_{ij}^{old} + Q/L(\mathbf{x}) \tag{8.11}$$

ただし，Qは定数で，1匹のアリが持つフェロモンの量を表す．また，$L(\mathbf{x})$は，解$\mathbf{x}$のトータルコスト（長さ）である．解が良ければ，長さが短くなり，フェロモンの増加量も大きくなる．また，多くの解に含まれる連結のフェロモンが自然に強化される．

Step 3においては，フェロモン行列のすべての要素を一定比率で減少する．これは，実際のフェロモンが蒸発することの模倣でもあるが，数値計算の安定性を保つための正規化でもある．ACOは，フェロモンの蒸発を以下の式でシミュレートする：

$$\gamma_{ij}^{new} = \rho \gamma_{ij}^{old} \tag{8.12}$$

ただし，ρは，$(0,1)$にある実数で，フェロモンの減少（蒸発）率と呼ばれる．フェロモンの蒸発によって，あまり使用されていない連結に対応するフェロモンが

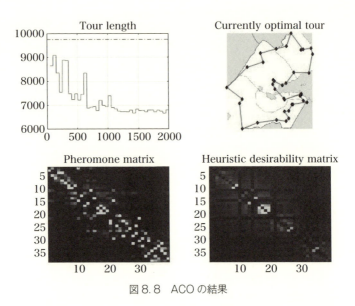

図 8.8　ACO の結果

ますます小さくなり，やがてどのアリも，新しい解を見つけるときに，その連結を選択しなくなる．

Step 4 は，終了判別である．いままでのアルゴリズムとは違って，「最初解」というものがないので，終了判別は後ろにまわされている．

例題 8.6　MATLAB の中に，ユーザの間に無料で共有できるソースコードが数多く存在する．その中で，Johannes が開発した Ant System TSP Solver がある．このソフトを利用して，ジブチ (Djibouti) の 38 個の場所に関する TSP 問題を解け．

[解答]　このソフトの中に，Dijibouti.m というファイルがあり，このファイルはジブチの 38 個の場所の座標を与えている．ACO を利用してすべての場所を繋ぐ最短パスを求めるのに，以下のようにプログラムを実行すればよい：

ant_system_tsp(@Djibouti,2000,50)

ただし，2000 は探索回数，50 はアリの数である．結果は図 8.8 に示

される。左上の図は繰り返す回数とパスの長さとの関係，右上の図は見つかったパス，左下は，フェロモン行列，右下はヒューリスティックの値である。 □

以上，巡回セールスマン問題（TSP）に着目してアリコロニー最適化（ACO）を説明したが，実際，ACO はさまざまな組み合わせ問題を解くことができる。例えば，目的関数が $f(\mathbf{x})$ で，$\mathbf{x}$ が n 次元の離散ベクトルである問題も ACO で解ける。以下，その基本的考え方を紹介する。

解 $\mathbf{x} = (x_1, x_2, \cdots, x_n)^T$ とし，各要素が $N = \{0, 1, \cdots, m\}$ から値を取るとする。ACO を利用するために，まずアリが解を求める方法を考える。例えば，i 番目の要素 x_i が N から1つの値を取る場合，m 個の選択肢がある。フェロモン行列 $\mathbf{\Gamma}$ を $n \times m$ の行列にすれば，アリが (8.10) に従って i 番目の要素の値を決めることができる。ここで，ヒューリスティック値 h_{ij} をどう決めるかが1つのポイントである。TSP の場合，連結のコストがあるので，その情報をもとに h_{ij} を定義できる。しかし，この例の場合，N の各離散値のコストに関する情報は明示的に定義されていない。近似的に，例えば，他の要素の値を固定されたとして，i 番目の要素の値を選ぶとき，そのコストを $f(\cdots, x_i, \cdots)$ の値で定義できる。偶然性を減らすために，$x_i = j$ として，それ以外の要素の値を複数回変えて，$f(\cdots, x_i, \cdots)$ の平均値を使って h_{ij} を定義することができる。フェロモンの強化と蒸発は，TSP と同じようにすることができる。例えば，$x_i = j$ がある解の中で使用された場合，γ_{ij} を (8.11) のように強化できる。

上記の組み合わせ問題の一例として，パターン認識の領域に良く知られている特徴選択問題がある。これは，与えられた m 個の特徴の中から，重要な特徴だけを選ぶ問題である。この問題を解決するためには，二値 ACO（binary ant colony optimization）というアルゴリズムが提案されている [17]。二値 ACO において，ヒューリスティック値は，例えば，相互情報量（MI: mutual information）で近似することができる。

演習問題 8.7 表 8.11 には，10 個の都市の座標（正規化されたもの）を表している。例題 8.6 と同じように，Johannes が開発した Ant System TSP Solver を利用して 10 都市 TSP 問題を解け（ヒント：Djibouti.m をテンプレートとして，上記の座標を使って，TenCity.m というファイルを作る）。

表 8.11 正規化された 10 個の都市の座標

1	0.0833	0.6379	6	0.8045	0.6064
2	0.5111	0.0161	7	0.8169	0.7604
3	0.3668	0.8960	8	0.1895	0.8553
4	0.7395	0.5154	9	0.1237	0.3829
5	0.5247	0.5445	10	0.8210	0.0846

表 8.12 探索アルゴリズムの用途

アルゴリズム	連続空間最適化	離散空間最適化
TS	○	○
SA	○	○
GA	◎	◎
PSO	◎	×
ACO	×	◎

8.3 おわりに

　本章では，知的探索アルゴリズムをいくつか紹介した。これらのアルゴリズムはどれも一定の汎用性があり，さまざまな問題解決に応用できる。しかし，粒子群最適化（PSO）はその更新式からもわかるように，探索空間が離散である場合にはそのまま適用できない。逆に，アリコロニー最適化（ACO）は，探索空間が連続である場合には使いにくい。表 8.12 は，本章で紹介したアルゴリズムを簡単にまとめたものである。ここで二重丸は，「非常に適している」との意味であるが，評価基準は主に評価関数で測れた「性能」（performance）である。性能ではなく，例えば，メモリ効率（メモリの使用量）だけで言えば，むしろ疑似焼きなまし法（SA）が最も良いと考えられる。また，遺伝的アルゴリズム（GA）よりも差分進化（differential evolution）のほうがもっと効率が良いと知られている[18]。さらに，さまざまなヒューリスティックをさまざまな形でハイブリッドすることによって，探索をより効率的かつ効果的にすることができる。興味のある読者は関連文献を参照されたい[19]。

　最近，AI の発展で，知的探索がますます重要視されている。特に近年，インタ

ーネットの普及で各種のデータが世界中に溢れている。これらのデータの処理,解析,選択は非常に重要なタスクとなっている。また,第4次産業 (Industry 4.0) の提唱によって,これから先,すべての生産がユーザのニーズに合わせて行われ,在庫はゼロとなることが期待される。ここで,ユーザのニーズをいち早く察知し,必要に応じて適切な商品,サービスを提供することが重要である。いずれにせよ,知的探索はさまざまな問題を効率的かつ効果的に解決するために重要である。本章は,紙面の関係で良く知られているものだけを説明したが,より詳しい内容について知りたい読者は関連文献を参照されたい [20]。

第8章の参考文献

[1] F. Glover, "Tabu Search - Part 1". *ORSA Journal on Computing*, Vol. 1, No. 2, pp. 190-206, 1989.
[2] S. Kirkpatrick, C. D. Gelatt, M. P. Vecchi, "Optimization by Simulated Annealing," *Science, New Series*, Vol. 220, No. 4598, pp. 671-680, 1983.
[3] V. Černý, "Thermodynamical Approach to the Traveling Salesman Problem: An Efficient Simulation Algorithm," *Journal of Optimization Theory and Applications*, Vol. 45, No. 1, pp. 41-51, 1985.
[4] J. Holland, *Adaptation in Natural and Artificial Systems*, Cambridge, MA: MIT Press. 1992.
[5] M. J. Baldwin, "A New Factor in Evolution," *The American Naturalist*, Vol. 30, No. 354, pp. 441-451, 1986.
[6] H. G. Beyer and H. P. Schwefel, "Evolution Strategies: A Comprehensive Introduction," *Journal Natural Computing*, Vol. 1, No. 1, pp. 3-52, 2002.
[7] J. R. Koza, *Genetic Programming*, the MIT Press, England, 1992.
[8] D. B. Fogel, *Evolutionary Computation*, IEEE Press, 1995.
[9] D. Chen, T. Aoki, N. Honma, T. Terasaki, and T. Higuchi, "Graph-Based Evolutionary Design of Arithmetic Circuits," *IEEE Transactions on Evolutionary Computation*, Vol. 6, No. 1, pp. 86-100, 2002.
[10] N. Homma, T. Natsui, T. Aoki, and T. Higuchi, "VLSI Circuit Design Using an Object-Oriented Framework of Evolutionary Graph Generation System," *Proc. of Congress on Evolutionary Computation*, Vol. 1, pp. 115-122, 2003.
[11] Y. H. Lee, M. Kawamata, and T. Higuchi, "Design of 2-D State-Space Digital Filters with Powers-of-Two Coefficients Based on a Genetic Algorithm," *Proc. of IEEE International Conference on Image Processing*, Vol. 2, pp. 133-136, 1995.
[12] J. Kennedy, R. Eberhart, "Particle Swarm Optimization," Proceedings of IEEE International Conference on Neural Networks, pp. 1942-1948, 1995.
[13] Y. Shi, R. Eberhart, "A Modified Particle Swarm Optimizer," Proceedings of IEEE International Conference on Evolutionary Computation, pp. 69-73, 1998.
[14] Q. F. Zhao, J. Brine, and D. P. Filev, "Defining Cybernetics: Reflections on the Science of

Governance," *IEEE SMC Magazine*, Vol. 1, No. 2, pp. 18-26, 2015.
[15] M. Dorigo, and L. M. Gambardella, "Ant Algorithms for Discrete Optimization," *Artificial Life* Vol. 5, No. 2, pp. 137-172, 1999.
[16] Johannes, Ant System TSP Solver, http://jp.mathworks.com/matlabcentral/fileexchange/33448-ant-system-tsp-solver, Updated April 16, 2013.
[17] S. Kashef, H. Nezammabadi-Pour, "A New Feature Selection Algorithm Based on Binary Ant Colony Optimization," Proc. 5th IEEE Conference on Information and Knowledge Technology, pp. 50-54, 2013.
[18] R. Storn, and K. Price, "Differential Evolution - A Simple and Efficient Heuristic for Global Optimization Over Continuous Spaces," *Journal of Global Optimization*, Vol. 11, pp. 341-359, 1997.
[19] Q. F. Zhao and Y. Liu, "Memetic Algorithms," Chapter 17, *Handbook on Computational Intelligence*, Edited by Plamen Angelov, World Scientific, 2016.
[20] 古河正志・川上 敬・渡辺美知子・木下正博・山本雅人・鈴木郁男, メタヒューリスティックスとナチュラルコンピューティング, コロナ社, 2011.

9 これからの展望

　最近，深層学習，モンテカルロ木探索，強化学習の組み合わせで作られたアルファ碁が，人間のプロ囲碁棋士を下したことは話題になっている [1,2]。深層学習 [3-6] は，アルファ碁の「脳」であり，次の手を決めたり，勝負を予測したりする。モンテカルロ木探索は，計算機ゲームに良く使われるものであり，それにヒューリスティックを加えることで効率を飛躍的に向上することができる。さまざまなヒューリスティックを学習し，記憶するのが深層学習である。また，大量の「自己」対戦によって，ヒューリスティックとその使い方を改善するのが，強化学習である。基本的に，アルファ碁は既存の機械学習技術を超大規模なコンピュータシステムで実現したものである。このアルファ碁，あるいは，これからのAIシステムが，総合的に人間を超えることができるかどうか，または，いつ人間を超えることができるか，注目したいところである。

　アルファ碁などに使用されている強化学習については，紙面の関係で，ここでは紹介しなかった。実際，強化学習と進化学習は手続き知識を学習するために有効である。一連の操作を正しく行うことによって，あるタスクを実行するためには，手続き的知識が必要とされる。囲碁や将棋はそうであるが，ロボット制御や知的製造なども良い例である。このような知識を学習する際に，複数のステップを実行する正しい順番と，各ステップにおける正しい操作，などに対する教師信号が必要であるが，それらを全部与えることは容易ではない。したがって，通常の教師あり学習は手続き的知識の学習にあまり使えない。しかし，強化学習を利用すれば，適当なところで学習者に奨罰を与えることで学習ができる。また，進化学習を利用する場合，結果を評価するだけで学習ができる。進化学習については，第5章で紹介した遺伝的アルゴリズムなどが使える。強化学習に関しては，興味がある読者は文献を参照することを薦める [7]。

　もう一つ簡単に紹介しておきたい学習方法はサポートベクトルマシン（SVM: support vector machine）である。SVM は 1995 年 V. Vapnik によって提案された学習アルゴリズムであり [8]，多層パーセプトロン（MLP）に比べて，多くの問題（例えば，画像認識やテキスト解析など）に対して優れた性能を示している。

SVMの最大特徴は，マージン最大 (maximum margin) である。ここでマージンとは，判別境界から最も近い正と負のパターンとの距離である。この距離を最大にすることによって，与えられた情報に基づいて，確率的に最も汎化能力の高いモデルを構築することができる。

しかし，なぜSVMがアルファ碁には採用されなかったのかというと，おそらくそれはSVMの規模によるものであると考えられる。実際，SVMはノンパラメトリックな方法で，訓練データの一部（すなわち，サポートベクトル）をそのまま利用して学習モデルを構築する。一部のデータとは言え，訓練データが増えれば，サポートベクトルの数が非常に大きくなり，計算コストが高くなる。これに対して，深層化したMLPは，データ数に依存せず，固定したモデルでさまざまな問題に対応できる。

もちろん，SVMとMLPを組むことによって，両方の利点を生かすこともできる。その基本的な考え方は，SVMの判別境界をMLPで再現することである。これをもとに提案されたのが，判別境界生成 (decision boundary making) アルゴリズムである [9]。このアルゴリズムは，計算リソースが制限されている環境，例えば，携帯デバイスなどにおいて，有効である。

最後に，一点だけ指摘しておきたい。MLPや深層学習で得られた知識は基本的にブラックボックス的なものであり，われわれ人間には理解できず，伝承できるものではない。この問題を解決するために，学習済みのMLPを解釈するプロセスが必要である。そのために，例えば，各ニューロンを2値あるいは3値論理に離散化し，それに対応する論理式を求める方法がある [10-12]。しかし，このように得られる論理式自身が，通常，複雑すぎて人間には理解できるものではない。この問題を解決するためには，ニューロンをそのまま利用してエキスパートシステムを構築することである [13,14]。この方向でいけば，機械学習によって獲得する知識は，われわれ人間の知能を強化することができる。

第9章の参考文献

[1] D. Silver and D. Hassabis, "AlphaGo: Mastering the Ancient Game of Go with Machine Learning," Google Research Blog, January 27, 2016.
[2] D. Silver1, A. Huang, C. J. Maddison, A. Guez1, L. Sifre, G. van den Driessche, J. Schrittwieser, I. Antonoglou, V. Panneershelvam, M. Lanctot, S. Dieleman, D. Grewe, J. Nham, N. Kalchbrenner, I. Sutskever, T. Lillicrap, M. Leach, K. Kavukcuoglu, T. Graepel, D. Hassabis, "Mastering the Game of Go with Deep Neural Networks and Tree Search," *Nature*, Vol. 529,

pp. 484-489, 2016.
[3] Y. Bengio, "Learning Deep Architectures for AI," *Foundations and Trends in Machine Learning*, Vol. 2, No. 1, pp. 1-127, 2009.
[4] Y. Bengio, A. Courville, P. Vincent, "Representation Learning: A Review and New Perspectives," *IEEE Transactions on Pattern Analysis and Machine Intelligence*, Vol. 35, No. 8, pp. 1798-1828, 2013.
[5] J. Schmidhuber, "Deep Learning in Neural Networks: An Overview," *Neural Networks*, Vol. 61, pp. 85-117, 2015.
[6] Y. LeCun, Y. Bengio, G. Hinton, "Deep Learning," *Nature*, Vol. 521, pp. 436-444, 2015.
[7] 三上貞芳・皆川雅章, 強化学習, 森北出版, 1998.
[8] C. Cortes, V. Vapnik, "Support-Vector Networks," *Machine Learning*, Vol. 20, pp. 273-297, 1995.
[9] Y. Kaneda and Q. F. Zhao, "Inducing High Performance and Compact Neural Networks Based on Decision Boundary Making," *IEEJ Transactions on Electronics, Information and Systems*, Vol. 134, No. 9, pp. 1299-1309, 2014.
[10] A. B. Tickle, R. Andrews, M. Golea, and J. Diederich, "The Truth Will Come to Light: Directions and Challenges in Extracting the Knowledge Embedded Within Trained Artificial Neural Networks," *IEEE Trans. on Neural Networks*, Vol. 9, No. 6, pp. 1057-1068, 1998.
[11] H. Tsukimoto, "Extracting Rules from Trained Neural Networks," *IEEE Trans. On Neural Networks*, Vol. 11, No. 2, pp. 377-389, 2000.
[12] T. Q. Huynh and J. A. Reggia, "Guiding Hidden Layer Representations for Improved Rule Extraction from Neural Networks," *IEEE Trans. on Neural Networks*, Vol. 22, No. 2, pp. 264-275, 2011.
[13] Q. F. Zhao, "Making Aware Systems Interpretable," Proc. International Conference on Machine Learning and Cybernetics (ICMLC2016), Jeju, 2016.
[14] Q. F. Zhao, "Reasoning with Awareness and for Awareness," IEEE SMC Magazine, to appear.

索 引

■ 数字
1st order predicate logic, 48
8-puzzle problem, 17
8パズル問題, 17

■ A
α-cut, 90
A*アルゴリズム, 26
absorption laws, 40
ACO, 184
activation function, 99, 140
actual output, 140
AND-OR ツリー, 74
ant colony optimization, 184
aspiration criterion, 169
associative laws, 40
atomic formula, 37
augmented neuron model, 99
axiom system, 45

■ B
back propagation, 4, 145
backtracking, 19
backward chaining, 73
Baldwin effect, 177
best first search, 24
bias, 140
bound variable, 52
BP, 4, 145

■ C
class, 112
clausal normal form, 42
clause, 42

closed formula, 52
Closed List, 19, 167
commutative laws, 40
complement laws, 40
compound proposition, 37
concept, 111
concept learning, 111
conflict set, 69
conjunctive normal form, 42
connection weight, 99, 140
constrained optimization, 30
contradiction, 40
crossover, 177
crossover point, 178
crossover rate, 178
cybernetic system, 2
cycling, 167

■ D
daemon, 83
De Morgan's laws, 40
decision boundary, 114
decision support system, 63
decision tree, 149
declarative knowledge, 65, 111
deductive learning, 126
deductively valid, 44
deep learning, 5, 122
definite clause, 58
de-fuzzification, 93
desired output, 140
Dijkstra algorithm, 22
discriminant function, 114
distributive laws, 40

diversification, 169, 179

■ E
effective input, 99, 140
EP, 180
epoch, 130
ES, 179
evolutionary learning, 126
evolutionary programming, 180
evolutionary strategy, 179
excitatory synapse, 98
expert system, 3, 63
exploitation, 179
exploration, 179

■ F
feasible set, 6
feasible solution, 30
feature extraction, 116
feature vector, 116
final decision, 149
fitness, 176
formal inference, 43
formal proof, 45
forward chaining, 69
frame, 3, 81
free variable, 52
functional symbol, 48

■ G
GA, 176
general problem solver, 3
genetic algorithm, 176
genotype, 177
global search, 163
goal clause, 58
GP, 180

■ H
Hanoi's tower, 15
heuristic function, 24
heuristic search, 24
hidden layer, 102
hypothesis set, 119

■ I
idempotent laws, 40
individual, 176
individual constant, 48
individual variable, 48
inductive learning, 126
inertia, 182
inference engine, 65
information gain ratio, 150
inhibitory synapse, 98
intensification, 169, 179
intermediate-term memory, 169
involution law, 40

■ K
k-fold cross validation, 130
k-means, 133
k-NNC, 127
knowledge base, 65
k 分割交差検証, 130
k 平均法, 133

■ L
learning cycle, 130
learning model, 118
learning rate, 140
learning rule, 140
learning signal, 140
learning vector quantization, 129
lexicographic sort, 71
LEX 戦略, 71
linguistic value, 91

LISP, 3
list processor, 3
literal, 42
local decision, 149
local search, 163
logical consequence, 44
logical formula, 37
logical symbol, 38, 49
long-term memory, 169
loss function, 119
LVQ, 129

■ M

machine learning, 111
maximum margin, 192
means-ends analysis, 3
membership function, 88
meta-heuristics, 163
MLP, 4, 101, 139
modus ponens, 43
modus tollens, 43
multilayer perceptron, 4, 101, 139
mutation, 177
mutation rate, 178

■ N

nearest neighbor classifier, 112
negative pattern, 112
neighborhood, 16
neural network, 4, 97, 139
NNC, 112
NNC-Tree, 156
NNTree, 156
node expansion, 18
non-parametric, 127

■ O

objective function, 29
off-line learning, 128

on-line learning, 128
ontology, 3
ontology engineering, 84
Open List, 19
optimization problem, 29
over fitting, 119, 144

■ P

PAC, 69
parametric, 127
parent clause, 55
particle swarm optimization, 182
perception action cycle, 69
personal factor, 182
phenotype, 177
population, 176
positive pattern, 112
predicate symbol, 49
pre-mature, 178
prenex normal form, 52
primitive proposition, 37
problem formulation, 13
procedural knowledge, 65, 111
production rule, 65
production system, 64
Prolog, 60
propositional logic, 37
prototype, 113
PSO, 182

■ Q

quantifier, 49

■ R

R^4-Rule, 134
R^4 规则, 134
RAC, 69
recognition action cycle, 69
recognition rate, 130

regularization, 119
reinforcement learning, 126
representative, 113
resolution principle, 55
resolvent clause, 55

■ S
SA, 173
satisfaction degree, 76
satisfiable, 40
search graph, 16
selection, 177
selective attention, 16
self-organization, 132
self-organizing neural network, 132
semantic network, 77
semi-supervised learning, 126
set of clauses, 54
shortest path problem, 21
similarity, 93
simulated annealing, 173
Skolem constant, 53
Skolem function, 53
social factor, 182
soft computing, 5
soundness of inference, 44
state, 14
state of awareness, 104
state of unawareness, 104
state transition, 14
state transition function, 16
state variable, 16
state vector, 16
steepest descent algorithm, 165
supervised learning, 125
support, 88
support vector machine, 128, 191
SVM, 128
syllogism, 43

■ T
tabu list, 167
tabu search, 167
tabu tenure, 169
tautology, 40
teacher signal, 112, 118
term, 51
test function, 149
theorem proving, 45
training pattern, 112, 118
training set, 112
truth table, 39
TS, 167
Turing machine, 2
Turing test, 2

■ U
unconstrained optimization, 30
unification, 55
unsatisfiable, 40
unsupervised learning, 125

■ V
valid, 40
vector quantization, 134
velocity vector, 182

■ W
well-formed formula, 38
wff, 38, 51
winner, 129
winner-take-all, 132
working memory, 65

■あ行
後戻り, 19
アリコロニー最適化, 184
意思決定支援システム, 63
遺伝子型, 177

遺伝的アルゴリズム, 4, 176
遺伝的プログラミング, 4, 180
意味ネットワーク, 77
後ろ向き推論, 73
エキスパートシステム, 3, 63
エポック, 130
エルブランの定理, 54
演繹的学習, 126
演繹的推論, 43
演繹的妥当, 44
オフライン学習, 128
親節, 55
オントロジー, 3
オントロジー工学, 84
オンライン学習, 128

■か行
解禁基準, 169
開拓, 179
概念, 111
概念学習, 111
学習者, 118
学習周期, 130
学習信号, 140
学習則, 140
学習定数, 140
学習ベクトル量子化, 129
学習モデル, 118
学習率, 129
拡張原理, 90
拡張ニューロンモデル, 99
確定節, 58
確率的学習, 127
隠れ層, 102
隠れニューロン, 102
過剰学習, 119, 144
仮説集合, 119
活性化関数, 99, 140
関数記号, 48

慣性項, 182
冠頭標準形, 52
機械学習, 111
疑似焼きなまし法, 173
期待出力, 125, 140
帰納的学習, 126
帰納的推論, 43
基本命題, 37
吸収律, 40
強化, 169
強化学習, 126
競合集合, 69
競合の解消, 69
教師あり学習, 125
教師信号, 112, 118
教師なし学習, 125
強調, 179
局所探索, 163
局所的最適解, 30
局所判断, 149
均一コスト探索, 21
禁止期間, 169
近傍, 16
空節, 57
クラス, 112
クラスラベル, 112
訓練集合, 112
訓練パターン, 112, 118
形式的証明, 45
形式的推論, 43
結合荷重, 99, 140
結合律, 40
決定木, 149
言語的値, 91
限量記号, 49
項, 51
効果の入力, 99, 140
交換律, 40
恒偽, 40

交叉, 177
交叉点, 178
交叉率, 178
恒真, 40
肯定式, 43
興奮性シナプス, 98
公理系, 45
ゴール節, 58
誤差逆伝播法, 4, 145
個人因子, 182
個体, 176
個体定数, 48
個体変数, 48

■さ行
最急降下法, 165
最近傍識別器, 112
サイクリング, 167
最終判断, 149
最短経路問題, 21
最適化問題, 29
サイバネティックシステム, 2
再利用, 179
最良優先探索, 8, 24
察知状態, 104
サポート, 88
サポートベクトルマシン, 128, 191
三段論法, 43
識別関数, 114
シグモイド関数, 101
自己組織, 132
自己組織ニューラルネットワーク, 132
実行可能解, 30
実行可能解の集合, 6
実行部, 65
実出力, 140
質問ネットワーク, 80
しなやかな計算, 5
社会因子, 182

充足可能, 40
充足度, 76, 80
充足不能, 40
集団, 176
自由変数, 52
手段目標分析, 3
述語記号, 49
条件部, 65
勝者, 129
勝者独占, 132
状態, 14
状態空間, 16
状態遷移, 14
状態遷移関数, 16
状態ベクトル, 16
状態変数, 16
情報利得率, 150
進化学習, 126
進化計算, 4
進化戦略, 4, 179
進化的プログラミング, 4, 180
深層学習, 5, 108, 122, 159
真理値表, 39
推論エンジン, 65
推論規則, 43
推論の健全性, 44
スコーレム関数, 53
スコーレム定数, 53
スロット, 82
正規化, 132
整式, 38, 51
正則化, 119
正のパターン, 112
制約条件, 30
制約つき最適化, 30
制約なし最適化, 30
世代更新, 176
節, 42, 52
節形式, 42, 52

節集合, 54
線形識別関数, 115
線形分離可能, 101
宣言的知識, 65, 111
選択的注目, 16
早熟, 178
属性の継承, 80
速度ベクトル, 182
束縛変数, 52
素式, 37, 51
損失関数, 119

■た行
ダートマス会議, 1
第1階述語論理, 48
大局探索, 163
大局的最適解, 31
ダイクストラアルゴリズム, 22
代表点, 113
多層パーセプトロン, 4, 101, 139, 143
多点探索, 176
妥当, 40
タブー探索, 167
タブーリスト, 167
多様化, 169, 179
単一化, 55
短期メモリ, 169
探索空間, 16
探索グラフ, 8, 16
探索問題, 3, 15
知識ベース, 65
知的探索, 123, 163
知的探索アルゴリズム, 34
中間ノード, 144
中期メモリ, 169
チューリングテスト, 2
チューリングマシン, 2
長期メモリ, 169
定理の証明, 45

デーモン, 83
適度, 176
テスト関数, 149
テスト集合, 130
手続き的知識, 65, 111
デルタ学習則, 141
ド・モルガンの法則, 40
導出原理, 55
導出節, 55
淘汰, 177
特徴抽出, 116, 121
特徴ベクトル, 116
凸関数, 31
凸集合, 31
突然変異, 177
突然変異率, 178

■な行
二重否定の法則, 40
ニューラルネットワーク, 4, 97, 139
認識・行動サイクル, 69
認識率, 130
認知・行動サイクル, 69
ノードの展開, 18
ノンパラメトリック, 127

■は行
パーセプトロン, 2
パーセプトロン学習則, 140
バイアス, 140
パターン認識, 112
ハノイの塔, 15
幅優先探索, 8, 20
パラメトリック, 127
半教師学習, 126
反駁証明, 56
判別境界, 114
汎用の問題解決システム, 3
ビッグデータ, 6

否定式，43
非ファジィ化，93
ヒューリスティック関数，24
ヒューリスティック探索，24
表現型，177
ファジィ集合，88
ファジィ推論，93
ファジィ数，90
ファジィルール，91
ファジィ論理，4，87
フェロモン行列，184
フェロモンの強化，184
フェロモンの蒸発，184
深さ優先探索，8，20
複合命題，37
負のパターン，112
フレーム，3，81
プロダクションシステム，64
プロダクションルール，65
プロトタイプ，113
分配律，40
平衡状態，174
閉式，52
べき等律，40
ベクトル量子化，134
ボールドウィン効果，177
ホーン節，58
補元律，40
母式，52

■ま行
マージン最大，192
前向き推論，69
無反応状態，104
命題論理，37
迷路問題，13
メタヒューリスティック，163
メンバシップ関数，88
目的関数，29
問題の定式化，6，13

■や行
抑制性シナプス，98
予測コスト，24

■ら行
ラベル集合，117
リテラル，42，51
粒子群最適化，182
類似度，93
連言標準形，42
論理記号，38，49
論理式，37
論理的帰結，44

■わ行
ワーキングメモリ，65

〈著者紹介〉

趙　強福（Qiangfu Zhao，ちょう　きょうふく）
略歴　1982 年　中国山東大学計算機科学系卒業，理学学士
　　　1985 年　豊橋技術科学大学情報工学専攻，工学修士
　　　1988 年　東北大学工学研究科電子工学専攻，工学博士
　　　北京理工大学電子工程系副教授，東北大学電子工学科助教授，会津大学コンピュータ理工学部助教授を経て，
現在　会津大学コンピュータ理工学部教授
専門　ディジタル信号処理，パターン認識，機械学習，人工知能

樋口　龍雄（ひぐち　たつお）
略歴　1962 年　東北大学工学部卒業
　　　1967 年　同大学院工学研究科博士後期課程単位取得退学，工学博士
　　　同大学院情報科学研究科長，同大学情報処理教育センター長，東北工業大学教授などを経て，
現在　東北大学名誉教授，東北工業大学名誉教授，学校法人東北工業大学理事長
専門　電子情報分野
著書　『自動制御理論』（森北出版），『MATLAB 対応　ディジタル信号処理』（共著，森北出版）など

人工知能
AI の基礎から知的探索へ
Artificial Intelligence:
From Fundamentals to
Intelligent Searches

2017 年 7 月 25 日　初版 1 刷発行
2024 年 2 月 20 日　初版 3 刷発行

著　者　趙　強福・樋口龍雄　Ⓒ 2017
発行者　南條光章
発行所　**共立出版株式会社**
　　　　〒 112-0006
　　　　東京都文京区小日向 4-6-19
　　　　電話　（03）3947-2511（代表）
　　　　振替口座　00110-2-57035
　　　　URL www.kyoritsu-pub.co.jp

印　刷　精興社
製　本　協栄製本

検印廃止
NDC 007.13
ISBN 978-4-320-12419-6

一般社団法人
自然科学書協会
会員

Printed in Japan

|JCOPY|＜出版者著作権管理機構委託出版物＞
本書の無断複製は著作権法上での例外を除き禁じられています．複製される場合は，そのつど事前に，出版者著作権管理機構（TEL：03-5244-5088，FAX：03-5244-5089，e-mail：info@jcopy.or.jp）の許諾を得てください．

人工知能入門

【第2版】

小高知宏 著

A5判・200頁・定価2640円（税込）
ISBN978-4-320-12568-1

＼人工知能に関する諸領域を／
広くカバーする教科書

初版刊行（2015年）から、変わらず目覚ましい発展を遂げる人工知能研究の情勢を踏まえて、新たにディープラーニングに関する記述を大きく追加。既存部分も近年の動向に合わせて、適宜内容の追加修正などを行った。

目次

第1章　人工知能とは何か
第2章　人工知能研究の歴史
第3章　探索による問題解決
第4章　知的な探索技法
第5章　知識の表現
第6章　推論
第7章　学習
第8章　ニューラルネットワークと強化学習
第9章　テキスト処理
第10章　自然言語処理
第11章　進化的計算と群知能
第12章　エージェントシミュレーション
第13章　自律エージェント
第14章　ディープラーニング
第15章　人工知能の未来
章末問題 略解／参考文献／索引

www.kyoritsu-pub.co.jp　　共立出版　（価格は変更される場合がございます）